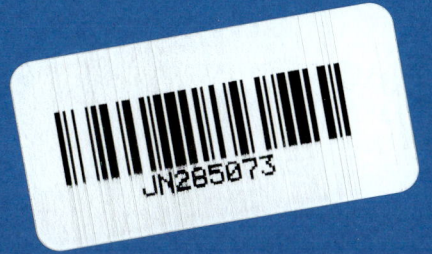

元 気象庁予報官・気象予報士
伊東譲司著

はい、こちら お天気相談所

東京堂出版

はじめに

天気相談所には、季節により１日に平均して150件から200件の電話相談がある。（台風や異常気象時など、多いときは300件から450件も）

相談の内容は多い順に、１位が今日から明日の天気の変化。雨の降る時間は？雷の鳴る時間は？布団干しはどうか？２位は週間予報や季節予報で、３位と４位は観測データと台風、とつづく。その他の中には苦情もあるが、意外に増えてきているのが身の回りに起きた不思議に感じる現象や新聞報道に出てくる異常現象などの質問だ。

それらの中には、思いもつかないような疑問、難問が届けられることがあり、ほんとうに初歩的な質問も含め、自然現象について学ぶ教材となる話が毎日、豊富に存在することがわかる。

現在、このように自然現象に対する「関心」が強まっている理由は、2011年東日本大震災の巨大地震と津波の災害、それに続く大きな余震、目に見えない脅威となった原発の放射能漏れ事故などに加え、集中豪雨やたつ巻、かみなりなどの災害の発生、猛暑が続く異常気象や、記録的な大雪、地球温暖化などなど…“人類の危機”をひしひしと感じている人が増えていることが大きな要因となっているのだろう。

身をすくめる自然の猛威をただ恐れるだけでなく、その自然とともに生きていく心構えを持って、生き残るための正しい知識を知り、私たちの日頃の疑問をほんとうに、ゼロ知識から学ぶ機会を見つけられることは、ある意味でその人にとっての一大発見であり、「目からうろこ」の快挙となる。

この本は、天気相談所に届いた生の声をもとに、身近な天気に関する疑問や質問を実際の電話のやり取りから、雨、風、雲、地震、津波、台風、低気圧、高気圧、梅雨、温暖化、かみなり、光象などのテーマに分け、ユーモアあふれる会話をトピックとして挿話しながら、ためになり、面白く読める解説書とした。

その内容は、日本全国民の代表となる声としてとらえて載せたものであり、この話、自分のことかなと思い当たる方がいらしても、決してお気を悪くなさらずに、なにとぞご容赦願いたい（実際には回答後、すなおに「ありがとうございました」とお礼の声が届くことの方が多かった）。

さらに興味がある方は、気象庁ホームページhttp://www.jma.go.jp/jma/index.htmlを訪れていただくことで、防災の情報やリアルタイムの観測データなど、さまざまな知識が得られるので、ぜひお楽しみいただきたい。

また、あわせて私のホームページである「気象予報士・伊東譲司のオモシロ天気塾」http://tenkijuku.com/index.htmlには、本に書ききれなかったテーマの話も載せられているので、ぜひお越しを。

2012年3月　吉日

伊東譲司（気象予報士）

謝辞

最後に、本の作成に当たって親身に相談の相手となっていただいた、東京堂出版の廣木理人さん、上田京子さん、成田杏子さんに心より感謝の言葉を言わせていただきたい。

この本には、わが娘二人の協力で楽しいキャラクターが絵になって登場する運びとなった。かわいい絵を注文したが、私の部分はわざと似せて描いてある。キャラ絵より写真の実物のほうが見栄えがいいと言い張っているが、実の娘の絵だけに文句も言えない。まずは、魚地恵美、伊東佐知子、両人にお礼を述べておく。

気象庁の予報課、天気相談所、広報室の方々にはホームページやパンフレットの図や写真の掲載にかかわり、さまざまなご協力をいただいた。お礼の言葉も言いつくせないほどではあるが、感謝の念でいっぱいである。

目 次

雲のでんわ

光のでんわ

波のでんわ

災害のでんわ

知識のでんわ

天気図

ひまわり

雨のでんわ

天気予報には傘マークが出ていないのに、降水確率《こうすいかくりつ》は40%となっています。雨は降るのでしょうか?

天気予報では地上や上空の大気の状態を予想します。予想した大気の状態によって雨の降りやすさが違います。そこである地域(予報区)での雨の降りやすさの違いを次のような考え方で数値にします。予想した大気の状態と同じような状態が何度も起こるとすると、その地域で雨が降る場合もあれば、付近では雨が降ってもその地域では降らない場合もあります。その地域で雨が降る場合の割合をパーセンテージで表したものが降水確率予報です。

例えば、降水確率《こうすいかくりつ》40%の予報が10回あって、それらの予報が適切であれば、10回のうち4回は雨が降りますが残りの6回は雨が降りません。

確率を使うのは、雨の降り方には限られた場所だけに雨が降ってその周りでは全く降らない場合など、いつどこで降るのかを断定的に表現することが難しいからです。

ですから、天気予報の画面で傘のマークがなく「くもり」だけに見えても、予報対象の地域で雨にあう人がいてもおかしくないということです。傘マークは降水確率50%以上のときに予報画面に表されます。

天気を崩す原因が大きな低気圧が通過して、ほぼ確実に雨が降る場合には90%、100%など高い確率となり、一方、晴れをもたらす移動性高気圧に広く覆われて、ほとんど雨が降る可能性がない場合には0%、10%などの低い確率になります。

夏の雷雨などのように、雷雲の下では雨は降るものの雷雲から少し離れた場所では全く雨が降らないなどの気象状況を予想した場合には、確実に雨が降るという場所は特定できませんが、ある程度限られた範囲（関東地方、東海地方など）のどこかで雨が降る可能性は大きいので、雨の降りやすさに応じて30%、40%、50%など中間の確率を発表します。

予報の精度を検証する場合、例えば20%と予報した事例を数多く集め、その中で実際に雨が降った回数の割合が20%に近いほど確率予報の精度は良いということになります。

なお、降水確率予報の精度検証の1つとして、3か月間毎に集計して予報した降水確率と実際の降水割合をグラフにしたものを気象庁ホームページに「降水確率予報の検証結果」として掲載しています。

天気予報作成中

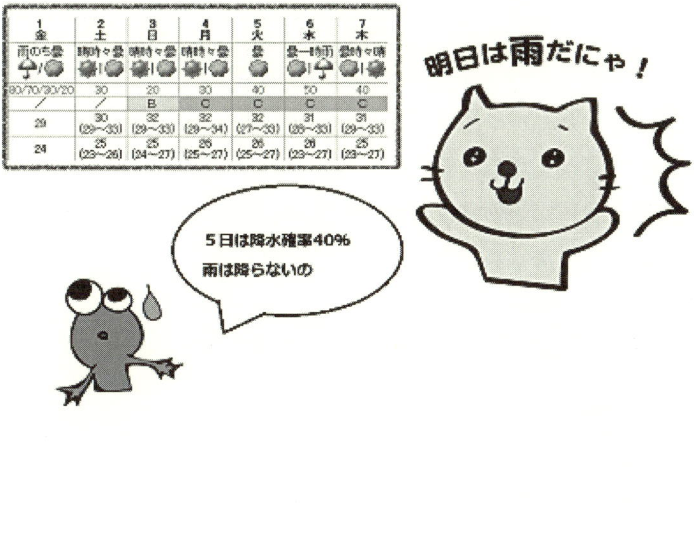

「雨が降ったら寒く感じるのはどうしてですか?」

雨の日が寒いと思う人は、多いようです。その理由のひとつは、天気の変化と体感温度にあります。

たとえば、高気圧に覆われよく晴れた日は、真っ青な空のもと下降流（上空から下降してくる空気は、まわりの気圧が高くなるため圧縮されて、温度が高くなります。自転車のタイヤに空気を入れるとき、ポンプが熱くなるのと同じ原理ですね。その結果、中にある水蒸気量が変わらないときは、湿度は下がることになります）が原因で湿度が低くなるとともに、気温が上がります。さらに、太陽から届く日射の熱により気温が上昇するため暖かく感じることになります。

高気圧《こうきあつ》が去って気圧の谷が接近しくもりや雨となると、日照が出ないため朝方の気温から日中もあまり変化せず、さらに雨が蒸発することにより気温は下がるため、寒く感じるようになります。また、低気《ていき》圧《あつ》の前面の温暖前線《おんだんぜんせん》の北側や梅雨前線の北側では、冷たい北東からの気流が影響し、日中も気温が下がることがあります。

梅雨《つゆ》の原因となる梅雨前線《ばいうぜんせん》って、どうしてできるのでしょうか？

日本の四季の移り目に出現する長雨には、菜種梅雨《なたねつゆ》、梅雨《ばいう》、秋霖《しゅうりん》、山茶《さざん》花梅雨《かづゆ》などの呼び名があります。

2011年5月11日09時の気象衛星ひまわりの可視画像（気象庁提供）

その内、5月頃から盛夏への季節の移行期に最も顕著な長雨となり、その末期に大雨をもたらすのが梅雨前線です。

暖かく湿った空気を持つ太平洋高気圧の勢力が次第に日本付近に強まり始めるころ、インド洋から暖湿な南西モンスーン（季節風）が中国大陸の南の地域に流れ込んで、東アジアの雨期（モンスーン）の始まりとなります。また、雨期とは、赤道付近から低緯度の地域では、季節というのが雨期と乾期に分かれています。

このころ、気象衛星《きしょうえいせい》の雲画像《くもがぞう》をみると、日本の東海上から中国大陸付近に、中国大陸南部から日本列島を通り北太平洋北部に、幅数百kmの梅雨前線《ばいうぜんせん》の帯状の雲域が西～東方向に1万kmにもおよぶ壮大な雲の帯ができます。これが、梅雨前線の姿です。

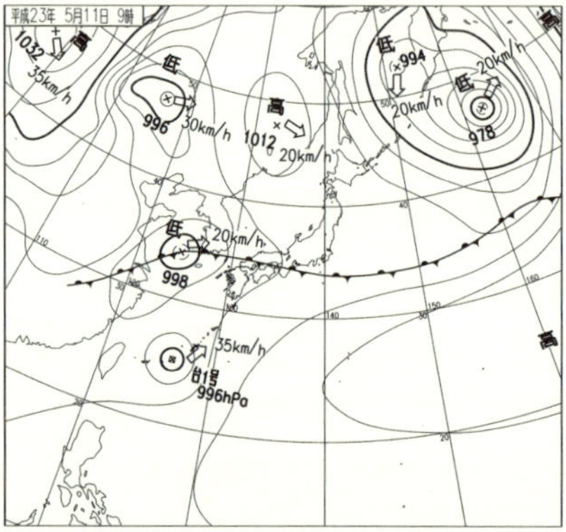

2011年5月11日09時の地上天気図(気象庁提供)

梅雨は日本列島だけに見られる現象ではなく、中国南部・東アジアから西日本にかけてもっとも顕著に現れ、中国や台湾では「梅雨(メイユー)」(Mei－yu)、韓国では「長霖(チャンマ)」(Changma)と呼ばれています。2011年は、平年より沖縄で9日早く、奄美地方で11日早く4月30日に梅雨入りとなりました。梅雨入り後、梅雨前線は、九州、近畿、関東甲信、東北地方へと、帯状の雨雲を南北に移動させながら、3ヶ月ほどの時間をかけて、ゆっくり北上します。このため、おおよそ40日間程度の梅雨が終わると、南の地方から「梅雨明け」となります。

なお北海道では、梅雨期に前線の遠い影響を受け「蝦夷梅雨《えぞつゆ》」と呼ばれる北海道の南半分の地域で小雨が降ったり、くもって肌寒い日(梅雨寒《つゆさむ》)が続く現象はありますが、大雨となることがないので「梅雨《つゆ》」はありません。

気象庁が発表している「梅雨《つゆ》入《い》り」「梅雨《つゆ》明《あ》け」はどのようにして決めているのでしょうか？

天気相談所には「もう梅雨入りしたんじゃないのか」「気象庁がまだ梅雨入りと発表しないのはおかしい」などと苦情がとどくことがあります。

現在の「梅雨入り」「梅雨明け」は、気象庁が業務の一つとして決めています。

決め方は、今までの天候とその先一週間の予報をもとに、雨やくもりの日が多くなり始める頃を梅雨入りとしています。具体的に「雨がどのくらい降ったら」というような基準は特にありません。天気図では、梅雨前線《ばいうぜんせん》が日本付近に停滞前線《ていたいぜんせん》として現れる頃となっています。

また、梅雨前線が日本付近になくなり、くもりや雨の日が多い梅雨の天候から、晴れて暑い夏の天候へと季節が変わる頃を「梅雨明け」としています。

江戸中期に蕪村《ぶそん》が詠んだ「さみだれや大河《たいが》を前に家二軒」にある「さみだれ」とは、陰暦《いんれき》五月の雨「五月雨《さみだれ》」のことで「さ＝イネ」「みだれ＝水垂れ」すなわち梅雨のことをさしています。このことからもわかるように、「梅雨」は昔から日本の季節をあらわす用語としてあったことになります。

「梅雨」という季節感覚は古くからあり、もともと、季節の変わり目である「梅雨入り」「梅雨明け」は、人それぞれが感じて察してきたものでした。

気象庁が「梅雨入り」「梅雨明け」の発表をするようになったのは、そんなに古い話ではなく、1964年から「梅雨入り・明け」の「おしらせ」を始めましたが、新聞の記事には「梅雨入り（明け）宣言」と書かれ、気象庁のいう「おしらせ」という言葉とは違っていました。

「梅雨入り・明け」の「おしらせ」は以後見直され、1986年に「梅雨入り・明け」の「発表」を業務として位置づけ、「気象情報」として、『梅雨の入り・明けに関する地方気象情報』を発表することになりました。

今はホームページに、『梅雨期は大雨による災害の発生しやすい時期です。また、梅雨明け後の盛夏期に必要な農業用の水等を蓄える重要な時期でもあります。一方、梅雨期はくもりや雨の日が多くなって、日々の生活等にも様々な影響を与えることから、社会的にも関心の高い事柄であり、気象庁では、現在までの天候経過と1週間先までの見通しをもとに、梅雨の入り・明けの速報を「梅雨の時期に関する気象情報」として発表しています』と書かれています。平均的に5日間程度の「移り変わり」の期間の概ね中日を統計値として決め、梅雨の季節が過ぎてから、春から夏にかけての実際の天候経過を考慮し、梅雨入り・明けの確定値は9月に発表されます。

気象庁のホームページでは、この手法を用いて、さかのぼって求めた1951年以降の梅雨入りと梅雨明け（確定値）が掲載されています。

梅雨の平年値：2011年5月18日から新平年値が使われているが、梅雨入りの平年値のみ、特別に沖縄の梅雨入りした4月30日から新平年値が適用されました。

○梅雨入りの平年値

	新平年値	旧平年値
沖縄地方	5月9日ごろ	5月8日ごろ
奄美地方	5月11日ごろ	5月10日ごろ
九州南部	5月31日ごろ	5月29日ごろ
九州北部地方	6月5日ごろ	6月5日ごろ
四国地方	6月5日ごろ	6月4日ごろ
中国地方	6月7日ごろ	6月6日ごろ
近畿地方	6月7日ごろ	6月6日ごろ
東海地方	6月8日ごろ	6月8日ごろ
関東甲信地方	6月8日ごろ	6月8日ごろ
北陸地方	6月12日ごろ	6月10日ごろ
東北南部	6月12日ごろ	6月10日ごろ
東北北部	6月14日ごろ	6月12日ごろ

○梅雨明けの平年値

	新平年値	旧平年値
沖縄地方	6月23日ごろ	6月23日ごろ
奄美地方	6月29日ごろ	6月28日ごろ
九州南部	7月14日ごろ	7月13日ごろ
九州北部地方	7月19日ごろ	7月18日ごろ
四国地方	7月18日ごろ	7月17日ごろ
中国地方	7月21日ごろ	7月20日ごろ
近畿地方	7月21日ごろ	7月19日ごろ
東海地方	7月21日ごろ	7月20日ごろ
関東甲信地方	7月21日ごろ	7月20日ごろ
北陸地方	7月24日ごろ	7月22日ごろ
東北南部	7月25日ごろ	7月23日ごろ
東北北部	7月28日ごろ	7月27日ごろ

私は千葉に住んでいます。
3月24日の朝、ベランダに
黄色い粉がたまっていたのですが、
これって何でしょうか?

2011年3月24日のこと東京・千葉・神奈川東部の人たちから3月23日夕方から24日朝にかけて、屋外に黄色い粒子状《りゅうしじょう》の物質が降り積もっていたという問い合わせの電話が鳴りやみませんでした。

花粉《かふん》は雨が降った翌日に飛びやすい傾向があり、環境省の花粉観測《かふんかんそく》システム(はなこさん)では、昨日は最も大量の花粉が飛散していたことが確認されました。その後降った雨は、花粉を地上に落しましたが、洗い流すほどの量にはならなかったので、屋上やベランダ、車の上などに黄緑色《きみどりいろ》した蛍光色《けいこうしょく》の黄色い粒子が積もる結果になったものでした。

東京都や千葉県でこの黄色い粒子状物質を顕微鏡《けんびきょう》で確認した結果、花粉だと判明。さらに東京消防庁が調べた放射能《ほうしゃのう》の数値は正常値の範囲ということが分かり、やっとほっとした日でした。

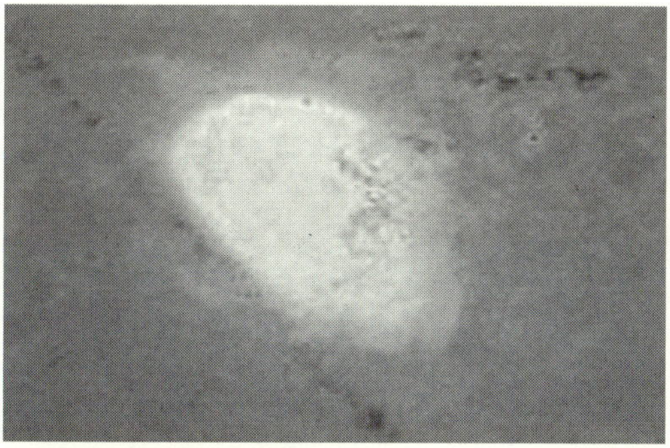

積もった花粉のかたまり

過去にも花粉の飛散量の多い日の翌日に、同様の現象がありましたが、原発の放射能《ほうしゃのう》漏れがどこまで広まっているのか心配しなければいけない時期だけに思わぬ大騒ぎとなりました。

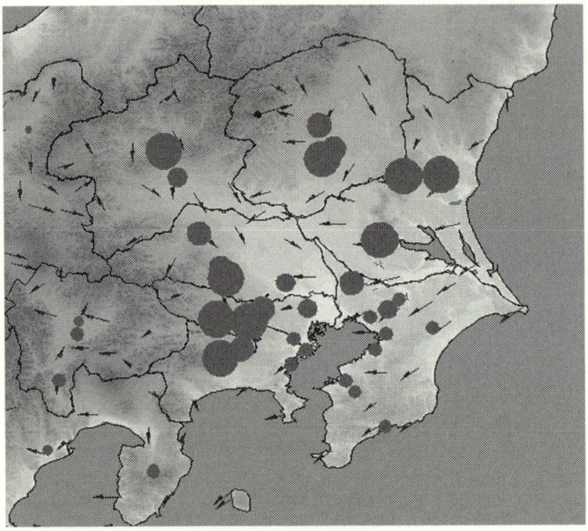

2011年3月23日15時の花粉飛散
環境省観測データはなこさんより

電話奮闘記

キョウハクジョウガオオイ

晴れる日がなかなか続かないときのこと、くもり時々晴れという予報で、貴重な晴れが期待された。だが、当日の天気は、くもり時々雨。当然ながら苦情の電話が殺到した。

電話に向かって頭を下げ続けた1日が過ぎ、日誌に「今日は苦情が多い」と書きこんだつもりだった。読み直してみたら「脅迫状が多い」…、えっとおどろいてとんだ誤変換だったと気づきあらためて納得。

たしかに、脅されることが多かった気がする。

「解析雨量《かいせきうりょう》」って、どのように使われるのですか?

正しくは国土交通省《こくどこうつうしょう》「解析雨量」といいます。

国土交通省河川局《かせんきょく》・道路局《どうろきょく》と気象庁が全国に設置しているレーダー、アメダス等の地上の雨量計を組み合わせて、それぞれの観測の長所を生かして、降水量分布を1km四方の細かさで解析したものです。

解析雨量《かいせきうりょう》を利用すると、雨量計の観測網にかからないような局所的な強雨も把握することができるので、的確な防災対応に役立ちます。

解析雨量は30分ごとに作成されます。例えば、9時の解析雨量は8時〜9時、9時30分の解析雨量は8時30分〜9時30分の1時間雨量となります。

アメダスは雨量計により正確な雨量を観測しますが、雨量計による観測は面的には隙間があります。一方、レーダーでは、雨粒から返ってくる電波の強さにより、面的に隙間のない雨量が推定できますが、雨量計の観測に比べると精度が落ちます。両者の長所を生かし、レーダーによる観測をアメダスによる観測で補正すると、面的に隙間のない正確な雨量分布が得られます。

レーダーと全国約1300か所のアメダスの雨量計データを合成して、格子《こうし》点《てん》ごとの雨量を解析し「レーダー・アメダス雨量合成図」として、FAX図が配信されたのが始まりで、1988年からは、解析雨量を使った降水短時間予報が出されるようになりました。

解析雨量は、雨量計データの数が多くなるほど解析の精度が上がり、雨量計のない領域についても品質の良い情報となることから、計算機の脳力の向上とともに、国土交通省や都道府県などの雨量データやレーダーデータの取り込みを多くすることが進められてきました。この結果、2001年頃は約2.5kmの細かさで、1時間ごとの計算でしたが、2006年3月からは細かさは約1km、計算は30分ごとに改善されました。

この年から名称が、「解析雨量(Radar-Raingauge Analyzed Precipitation)」となりました。2011年6月現在、全国26か所のレーダーが使用され、アメダスデータに加え、国土交通省の雨量計3200地点、都道府県の雨量計約5500地点が利用されています。

なお、解析雨量の精度をより高めるために、さらに雨量計による観測データを追加しながら改善されています。

解析《かいせき》雨量《うりょう》は、降水短時間予報《こうすいたんじかんよほう》や降水ナウキャストの予測《よそく》処理において、初期値《しょきち》の作成や雨域の移動に関する情報を求めるためにも利用されています。

アメダスというのはよく聞くのですが、どんなものなのかよくわかりません。世田谷にあると聞いたのですが、どの辺に設置されているのですか?

アメダスは、気象庁が開発し1974年から運用している地域気象観測システムのことです。

アメダスという言葉の元はAutomated Meteorological Data Acquisition System(オートメイテド メトロジカル データ アキュジション システム)の頭文字を並べた略称です。

観測は降水量、気温、風向、風速、日照の4要素と降水量のみの観測地点があり、豪雪地帯では冬季、積雪の深さを観測しているところもあります。

全国の観測地点は降水量で約1300か所、4要素で約840か所となっていて、平均すると降水量なら約17km、4要素なら約21kmの間隔に観測所が置かれています。

はじめられたころの観測は1時間に1回でしたが、1993年2月以降、10分ごとに観測を行い、データは専用の電話回線で東京にある地域気象センターに集められ、コンピューターで編集した後、気象台などに配信されています。

気象庁ホームページや民間の気象会社のホームページでは、全国のデータが見ることができます。

アメダスのきめ細かいデータ網は、局地的な気象状況を監視することができるので、集中豪雨や暴風雨雪などにより起こる気象災害の防止に役立っています。

アメダスになる以前は、全国1315ヵ所に「区内観測所《くないかんそくじょ》」がありました。現在のアメダス観測所の多くは「区内観測所」時代からのものとなっています。

「区内観測所」とは、学校、町村役場、農事試験場、篤志家《とくしか》（社会事業などに熱意をもっている親切なこころざしを持った人）などに気象庁が観測を委託した観測所で、百葉箱《ひゃくようばこ》で１日に１回の気象観測と毎日の最高・最低気温が人の手によって調べられていました。

世田谷では、東京農業大学育種学研究所の百葉箱で気象観測を毎日行っていたことと、東京農業大学育種学研究所の松岡先生に、1966年から東京の生物季節観測（サクラを除く）を委託していたことなどの理由で東京農業大学育種学研究所にアメダス観測所が置かれることになりました。ここでは、人の手によって気象観測が37年間続きました。しかし、松岡先生の退官後、大学の建てかえ計画が出された時期に、大学からの要望で移設先が検討され2003年に現在の砧《きぬた》公園管理事務所がアメダス世田谷観測所に選択されました。

では八王子のアメダスはどのように決まったのでしょうか。現在は八王子市の市庁舎内にアメダス観測所がありますが、もとは市庁舎より200メートルほど東にある市立第四中学校での気象観測を引き継いだものです。同校で原嶋宏昌《はらしまひろまさ》教諭により昭和32年（1957）5月から気象観測が始まり、昭和43年（1968）4月１日から東京管区気象台八王子気象観測所（区内観測所）としての観測業務を委託されました。のちに気象庁のアメダス観測網の展開に伴って、昭和52年（1977）1月１日からアメダス八王子観測所と名称が変り、新しい自動観測が始まりました。

昭和58年（1983）9月30日にアメダス装置は市立第四中学校から新市庁舎へ移設され、昭和58年（1983）10月１日に発足した八王子天気相談所がその観測データと観測業務を引き継ぎました。このときの天気相談所長となったのが、退官した原嶋宏昌教諭でした。

八王子天気相談所は、地方自治体では全国に３ヶ所にしかない天気相談所のひとつで、気象庁の予報業務許可を取得し、八王子独自の予報を発表するとともに観測業務を行ってきましたが、2010年おしまれながら相談所は廃止となりました。といっても八王子のアメダスの気象観測は途切れることなく今も続いています。

都内2箇所のアメダス観測所の由来を書きとめましたが、「区内観測所」に指定されなかった農事試験所や、ダム建設の工事場、町役場や学校などにあった百葉箱では、それぞれの観測の歴史があり、気象庁の観測だけでなく多くの観測データが存在していました。

2011年の東日本大震災以降、NTTドコモの東北地方にある観測データが、アメダスの観測データとともに気象庁ホームページに掲載されたのも、歴史の中で気象観測がさまざまな場所で行われてきた証しでもあります。

自分のことで紙面を使うのは恥ずかしいのですが、中学1年当時から、クラブ活動として小田原市の城山中学校の百葉箱で気象観測を毎日していました。そんな毎日が続いた中学3年の夏休みのことでした。ちょうど小田原の市制15周年という時期にあたり、気象観測の15年分の統計をまとめ上げていました。今では見られないタイガー計算機という、ぐるぐるギヤーを回して計算した時代でしたので、大変な労力を使ったのが思い出となっています。

運命のなせる業か、のちに気象庁の予報官になりましたが、1975年にこの城山中学校に東京管区気象台のアメダス小田原観測所が設置されたのでした。

このことは、微力ながら自分のやってきたことに自負できる思い出となっています。残念ながらこのアメダスの小田原観測所は私が退官した2年後の2010年に小田原市内の扇町に移転しました。

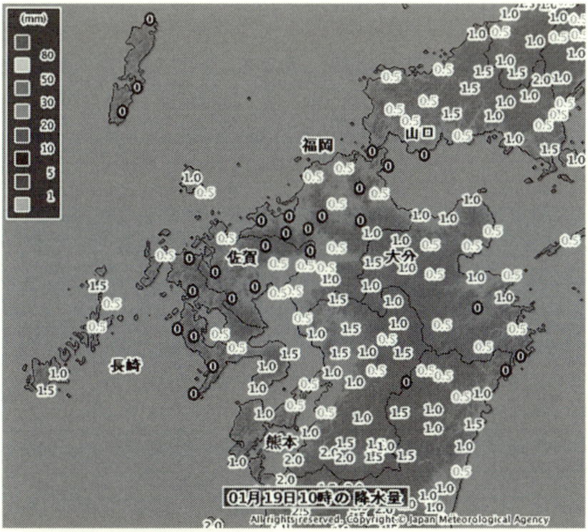

アメダスの図（雨量）
（気象庁ホームページより）

酸性雨《さんせいう》がかかると良くないって聞くけど どんな影響があるの?

日本で降る酸性雨の約半分は、中国の大都市などで「空中鬼《くうちゅうき》」と呼んでいるイオウ酸化物《さんかぶつ》などが原因であることがわかっています。

酸性雨《さんせいう》は、環境問題の一つとして問題視される現象で、国立環境研究所の調査では日本で観測されるSOx(汚染物質のひとつ、硫黄酸化物)のうち49%が近年、火力発電所や工場から排出される大気汚染物質《たいきおせんぶっしつ》が多くなった中国起源のものとされ、続いて日本21%、火山13%、朝鮮12%とされています。

石炭や石油などの化石燃料《かせきねんりょう》の燃焼などによって、硫黄酸化物《いおうさんかぶつ》や窒素《ちっそ》酸化物《さんかぶつ》が大気中へ放出される大気汚染が原因となって、これらのガスが雲粒に取り込まれて複雑な化学反応を繰り返して硫酸《りゅうさん》イオン、硝酸《しょうさん》イオンなどに変化し、強い酸性の雨が降ることを指します。

環境省(当時環境庁)は、1983年から国内の多数の地点で雨水の測定を行ってきました。pHは7で中性。値が低いほど酸性《さんせい》を示します。最近の国内の雨水の年間平均pHは、4.7です。ほぼ日本全国で酸性雨が降っています。この20年間では、pH値の大きな変動はありません。その他にも地方(都道府県)でも雨水の測定が行われています。また、全国の小学生に呼びかけて簡単な試験器具を使って、雨が酸性かどうかを調べる活動も行われています。1995年7月1日から8月31日の調査結果を見ると、全国平均で、pHの値が、5.4でした。普通の雨は、pHの値が5.6くらいですから、弱い酸性雨ということになります。この調査の結果では、関東地方など人の多いところを中心にして、酸性雨が降っていること、また、大きな道路が近くにあるところは、

そうでないところよりやや強い酸性の雨が降っていることがわかりました。

日本における酸性雨の被害としては、群馬県赤城山、神奈川県丹沢山地などでのブナなどの森林の立ち枯れなどの報告があります。ただし、丹沢大山において霧《きり》の観測を定常的に行った神奈川大学工学部物質生命化学科の井川学教授 によれば、霧水《きりすい》中の成分を分析したところpHの低い霧には硝酸《しょうさん》イオンが多く、滑昇霧《じょうしょうきり》が発生しやすい南東側で立ち枯れがみられ、大山の北側檜洞丸では立ち枯れが少ないことなどから酸性雨説に対しブナの立ち枯れは酸性霧によるといっています。

電話奮闘記

お手紙相談所

――――もしもし、(甲高《かんだか》い女性の声の電話で耳が痛くなる)
最近は、空梅雨《からつゆ》と言うべきか、東京の外れに住んでいるが、埃が立って困るほど雨が降りませんね。地球の温暖化《おんだんか》が原因なんではないでしょうか。

先生　そうですね、雨が降る所では、大雨になっている所もあるので、もう少し均等に雨を降らせてもらいたいものですね。

――――サミットを開いても先進国だけの集まりでは、それぞれのエゴがでて地球がほんとうに救えるのか疑問ですよ。

先生　貴重なご意見をありがとうございます。
ところで、電話の御用向《ごようむ》きは何でしたでしょうか。

――――それが、今一番困っているのが手紙を書くときの時候《じこう》の挨拶《あいさつ》の文章なんです。一体なんて書いたらいいのですか。

先生　それはお困りですね。どんな物がいいのかお手紙相談所としてお答えしましょう。「地球温暖化のこのごろ、気候がどうなるのか心配ですが、いかがお過ごしでしょうか……。」なんてのはいかがでしょうか。

――――それにいたします。

先生　(くもりや雨の予報は降水確率40%と50%の違いということがあまり理解できないのが常のようだ。TVでは傘のマークかくもりのマークの違いとなる。どちらにしろ、雨が降るところはある。
傘をもって行くかどうか、降水確率《こうすいかくりつ》で判断できる人がどれだけいるのか。
世の中のクレームの元はここにあるようだ)

かみなりが近づいてきたら、どこにいるのが安全ですか?

ゴロゴロと音が聞こえるときは、10キロ以内くらいにかみなり雲があるので、校庭などの広い場所から教室に戻りましょう。いなびかりを見てからゴロゴロという音を聞くまでの時間をはかると、かみなりとの距離がわかります。音の速さは1秒間にだいたい340メートルで計算してください。

かみなり雲が近づいたとき怖いのは、なんと言っても 落雷。かみなりは、家庭の電気の100万倍ものパワーがあります。人に落ちると、全身にやけどをしたり、ショックで心臓が止まったりして、死ぬ人もいます。

かみなりは、周りよりも高い物に落ちやすいので、木の近くは危険！木や電柱のそばは側撃雷《そくげきらい》の恐れがあるので2〜4m以上離れて、立ち木を45度くらいで見上げられる場所で、低い姿勢になること（保護範囲といいます）。グランドなど 何もない広い場所にいるときは、できるだけ低い姿勢で家の中に移動しましょう。テントやトタン屋根の仮小屋、ビーチパラソルの下は危険です。オープンカーやゴルフカートは危険です。

屋外では、ちかくに鉄筋の建物か車があればその中に逃げるのが一番安全！

屋内では、テレビ、電気器具、照明、コンセントなどからは1m以上はなれる！眼鏡・時計などの貴金属を持っていてもいなくても、落雷の危険性に変わりはない。金属バットでも、木のバットのような電気を通さない物でも、高いものにかみなりが落ちやすいのは同じ。また、ゴム長やレインコートなどの電気を通さない物を身につけていても、かみなりから身を守る効果はあまりありません。

近くにかみなりが落ちると電流は、地面や壁面、屋内の電線を伝ってTV、ラジオなどの電気製品を壊してしまうことがあります。かみなりが近づいているときはTV、ラジオなどの電気製品は、コンセントから抜いておくこと。

かみなり注意報がでたとき、いつかみなりがやってくるのか不安なので、家の中でじっとしているという人がいます。でも現在では、かみなりの電波を利用したかみなり監視システムが日本中に整備され、気象庁ホームページで、レーダーと一緒に5分間隔のレーダー画面と、10分間隔で1時間先までのかみなり雲の移動予想が見られる「かみなりナウキャスト」があります。かみなりの動きをみておけば、どこでいつかみなりが鳴るのかが分かるので安心です。

かみなりが近づいたときの避難場所

東京　2010年7月26日

時	気圧(hPa)		降水量 (mm)	気温 (℃)	露点温度 (℃)	蒸気圧 (hPa)	湿度 (%)	風向・風速(m/s)		日照時間 (h)	全天日射量 (MJ/m²)	雪(cm)		天気	雲量	視程 (km)
	現地	海面						風速	風向			降雪	積雪			
1	1011.3	1015.5	—	26.4	20.7	24.4	71	1.8	北北西			×	×			
2	1010.6	1014.8	—	26.2	21.2	25.2	74	2.5	西北西			×	×			
3	1010.5	1014.7	—	26.2	21.2	25.2	74	2.4	北西			×	×	⦶	4	20.0
4	1010.8	1015.0	—	26.3	21.3	25.3	74	2.0	西北西			×	×			
5	1011.1	1015.3	—	25.8	21.5	25.6	77	1.5	西北西	0.0	0.00	×	×			
6	1011.1	1015.3	—	26.5	21.7	26.0	75	1.1	西北西	0.2	0.22	×	×	⦶	8	20.0
7	1011.4	1015.6	—	26.9	21.4	25.5	72	0.7	北西	0.1	0.44	×	×			
8	1011.3	1015.4	—	28.1	21.6	25.9	68	1.1	南東	0.0	0.75	×	×			
9	1011.1	1015.2	—	29.0	22.0	26.4	66	1.4	南南東	0.3	1.38	×	×	◎	10－	15.0
10	1010.9	1015.0	—	30.4	22.3	26.9	62	2.8	南	0.7	2.39	×	×			
11	1010.4	1014.5	—	31.6	22.6	27.4	59	3.0	南東	1.0	3.10	×	×			
12	1010.0	1014.1	—	31.9	23.2	28.4	60	5.2	南東	1.0	3.16	×	×	⦶	4	10.0
13	1009.3	1013.4	—	32.0	23.8	29.5	62	5.7	南南東	1.0	3.12	×	×			
14	1008.8	1012.9	—	32.7	23.9	29.7	60	5.7	南南東	1.0	3.01	×	×			
15	1008.9	1013.0	—	31.2	24.1	30.0	66	4.0	南	0.1	0.78	×	×	◎	9	10.0
16	1007.4	1011.5	0.0	30.1	24.7	31.2	73	5.9	南南東	0.0	0.24	×	×			
17	1009.2	1013.3	0.0	30.1	24.5	30.7	72	4.6	南東	0.0	0.16	×	×			
18	1009.9	1014.0	0.0	29.5	23.9	29.7	72	4.4	南南東	0.0	0.07	×	×	◎	10－	10.0
19	1010.3	1014.4	0.0	29.1	23.8	29.4	73	2.8	南東	0.0	0.00	×	×			
20	1010.9	1015.0	0.5	28.1	24.7	31.2	82	2.9	南南東		0.00	×	×			
21	1011.1	1015.3	0.0	27.7	24.1	30.1	81	4.8	西北西			×	×	◎	10	10.0
22	1011.3	1015.5	0.0	26.4	22.3	26.9	78	3.2	北北西			×	×			
23	1011.1	1015.3	—	26.6	22.0	26.5	76	1.8	西北西			×	×			
24	1010.7	1014.9	—	26.4	22.3	26.9	78	0.8	西北西			×	×			

記事

1530 $\dot{\triangledown}$ －1615. 1710 $\dot{\triangledown}$ －1715. 1805 $\dot{\triangledown}$ －1855. 1915 $\dot{\triangledown}$ －2025. 2100 $\dot{\triangledown}$ －2110. 2125 $\dot{\triangledown}$ －2200.

1853 ⚡^{0}(SW40以上)－1922 ⚡(SW20～40)－1925 ⛈^{0}(SW20～40)－1930 ⛈(S－SW20～40)－
－2015 ⛈(S20～40)－2040.

【備考】風向風速計の定期点検を実施した。

東京の一時間ごとの観測表(2010年7月26日)

知っておくと便利　http://www.data.jma.go.jp/obd/stats/etrn/index.php

気象庁ホームページ> ホーム > 気象統計情報 > 過去の気象データ検索

地点の選択 | 年月日の選択 | データの種類 > 日ごとの値を表示

とリンク先をたどると、上図のような1日の観測表が見ることができます。

パソコンが落雷の影響で故障した際の保険請求には、このページを印刷して使うことができます。

風のでんわ

風はどうして吹くんですか?

風というのは空気が移動することです。わたしたちの住む地球は地上からおよそ10km程度の厚さの空気の層におおわれています。

空気は酸素《さんそ》や窒素《ちっそ》、二酸化炭素《にさんかたんそ》、水蒸気《すいじょうき》などを成分とした気体で、目に見えませんが私たちの周りにあります。

空気の性質として温度が上がると体積がふくらみ、反対に温度が下がるとちぢみます。そして太陽に照らされて暖められふくらんだ空気は、軽くなって上昇します。反対に空の上のほうで冷やされてちぢんだ空気は、重くなって下降するのです。そうなると、上昇した空気のあとには、まわりから別の空気が流れこんできます。また、下降した空気のあとにも、まわりから別の空気が流れこんでくるのです。

太陽からの熱が地球にとどくとき、赤道《せきどう》付近では北極や南極に比べてたくさんの熱を受けて空気の温度が上がり、上昇《じょうしょう》気《き》流《りゅう》をつくって極側に熱を運んでいきます。極側からは冷たい空気が下降しながら上昇した空気のあとに流れこんできます。つまり、熱の輸送による空気の移動、それが風として感じられるというわけです。

実際には地球は自転しているため熱の輸送は複雑な風の流れを示し、月平均の気圧分布と風の流れの図は以下のようになっています。

1月の平均図

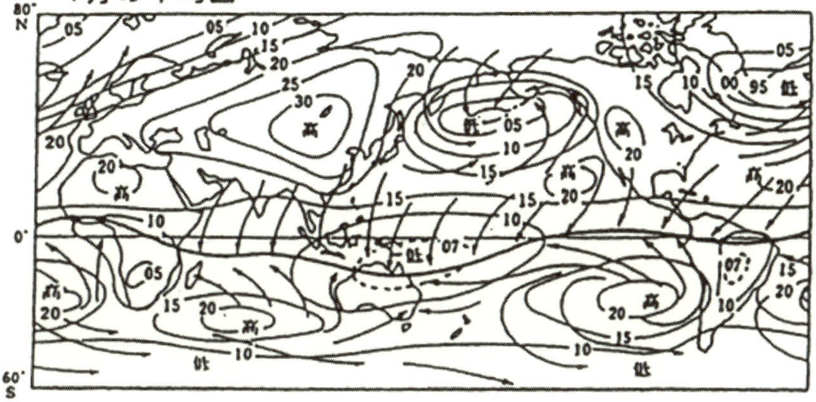

7月の平均図

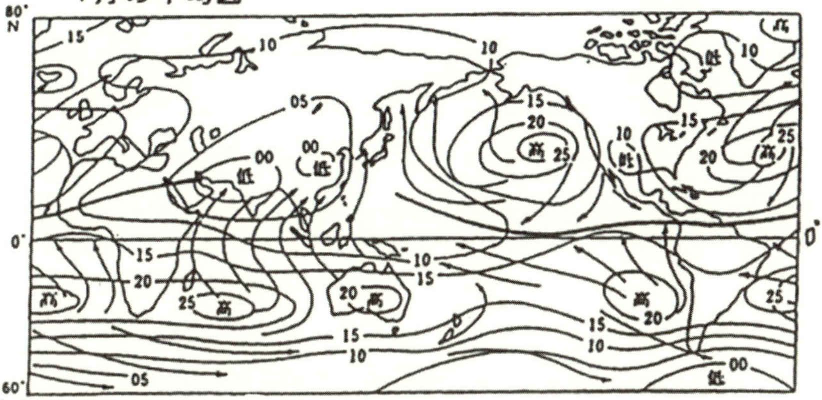

月平均の気圧分布と月平均の風の分布
等圧線は5hPaごと、数字は海面気圧の2桁までを表示、矢印は風の流れ

テレビで「今日、春一番《はるいちばん》が吹きました」と言っていました。何のことですか？

暦《こよみ》の上で春とされるころに初めて吹く南風のことを「春一番」と呼びます。

気象庁では、「立春《りっしゅん》（2月4日頃）から春分《しゅんぶん》（3月21日頃）までの間に、日本海や北海道の北側などで低気圧が発達し、初めて南よりの強風が吹き、気温が上昇する現象」と定義しています。主に太平洋側で観測されます。春一番が吹いた日は気温が上昇し、南風の後には強い北風が吹いて、突風を伴うこともめずらしくありません。翌日は西高東低《せいこうとうてい》の冬型の気圧配置となり寒さが戻ります。

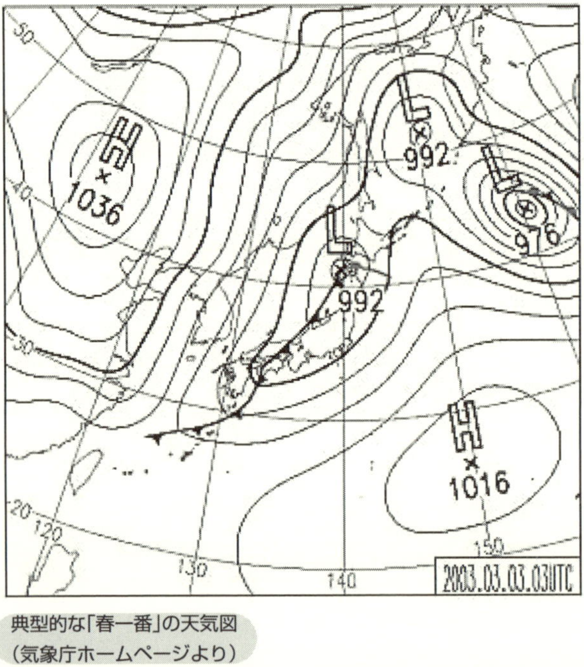

典型的な「春一番」の天気図
（気象庁ホームページより）

昭和53年（1978）2月28日に、東京地方で春一番による竜巻が発生し、営団地下鉄東西線（現・東京メトロ東西線）の車両が橋の上で脱線・転覆《てんぷく》したなど、暴風雨《ぼうふうう》や雪崩《なだれ》などの災害をもたらす春の嵐として、雪山や海上では十分な注意が必要です。

立春過ぎはまだまだ厳寒のさなかで、春を待ちわびる気持ちがつのるころに吹く「春一番」には、春の使者のような言葉の響きがありますが、「春一番」のお知らせは季節の便りであると共に災害予防の情報でもあります。

もともとの「春一番」は、石川県能登地方や三重県志摩地方以西で使われていたもので、安政6年（1859）2月13日、長崎県壱岐郡郷ノ浦町（現・壱岐市）の漁師が以前から「春一」と呼ばれていた強風によって船が転覆し、53人の死者を出して以降、この強い南風を「春一」または「春一番」ということが広く知られるようになりました。昭和62年（1987）に郷ノ浦港近くの元居公園内に「春一番の塔」が建てられています。

電話奮闘記

悩ましい問い合わせ

——今雨が降ってるんだが、こうもりを持っていたほうがいいだろうか？

先生　それは雨が降っているのでしたら、雨にぬれないために傘をお持ちになったらいかがですか。

——やはりそうするかな……。

先生　（病院に行くのに傘が邪魔だったようだが、何と悩ましい問い合わせなんだろう）

いや、ひょっとすると「コウモリを持っていたほうがいいだろうか？」の意味は「コウモリをもって行くと傘がさせない」ということかも。

荷物になるような（ペットの）コウモリ君を籠に入れてもって行く人からの電話だったのではないか…とか、考えすぎになる電話だった。

「木枯《こが》らし1号」って言われる風は、どんな風のことですか？

木枯《こが》らしというのは、晩秋《ばんしゅう》から初冬《しょとう》に吹く強い北から北西の季節風のことで、西高東低《せいこうとうてい》の冬型の気圧配置となったときに吹く風です。その年初めて吹く木枯らしを「木枯らし１号」といいます。

「木枯らし１号」の発表は、関東地方と近畿地方のみが対象で、東京（気象庁）と大阪管区気象台がそれぞれ発表しています。

「木枯らし１号」の条件

① 期間は10月半ばから11月末までの間に限る。大阪の場合は、2012年から12月の冬至までと変更。

② 気圧配置が西高東低の冬型になっている。

③ 東京における風向が北～西北西である。

④ 東京における最大風速《さいだいふうそく》が、概《おお》ね風力5（風速8m/s）以上である。
（ただし、発表文には最大瞬間風速を記入する。）

気象庁が「木枯らし１号」の発表条件を決めたのは、1977年11月で、「木枯らし１号」、「春一番」は、暫定措置《ざんていそち》として天気相談所が発表することになりました。

その後、1985年に条件が見直され、最大風速が10m/sから8m/sになり、1991年には、「前日より低温となる」を削除、1995年に「10月半ば頃から11月末日まで」とした期間を「10月半ばから11月末までの間に限る」と変更し、新しい条件が決められ現在に至っています。

「木枯らし１号」が気象庁から「おしらせ」として出されるようになったのは1973年で、それ以前の歴史をたどってみると、元天気相談所長の宮沢清治氏が次の条件を設定し1946年からの「木枯らし1号」にがいとうする日にちを調査したのが始まりと言われます。

（調査に使った条件）

① 気圧配置が西高東低の冬型となること。

② 風向が北から西北西の間になって最大風速が10m/s以上となること。

③ 風が吹き出した翌日の最高気温が2～3℃低くなること。

④ 10月早々や12月に入ってからの吹き出しは季節感からして採用しない

1950年～1960年のころは、「木枯らし」を{冬の季節風のことで、特に晩秋から初冬にかけて吹く強い北西風をいう}と解釈していました。

新聞には、「木枯らしNo.1」とか、「季節風の吹き出し」、「木枯らし第1号」などと書かれていたようです。

「木枯らし1号」としては、1961年11月の「気象」（日本気象協会発行）の天気図の見出しに登場し、1965年は「初の木枯らし」と書かれたりしましたが、1968年からは毎年記述されるようになっています。まだ、「木枯らし1号」の具体的な発表条件はなかったものの、1968年頃から「木枯らし1号」の名称が雑誌「気象」等で一般に広まるもとになりました。

電話奮闘記

あなたはトテモ運が悪いんです。

――天気予報が雨と言ってなかったんです。くもりで降水確率が10%と言うのに、雨が降ったんです。こんなことがあるんですか？

――10%で降るとはどういうことなんですか？

先生 10%の降る確率のところで雨にあったんですか。
あなたはトテモ運が悪いんです。そう思ってください。

梅雨《つゆ》時期に吹く風「くろはえ」が
俳句のお題として出されました。
どんな風で、いつ頃吹くのか、
さっぱりわからないので教えてください。

「くろはえ」といっても「黒いハエ」ではありません。

くろ-はえ【黒南風】とは、梅雨どきの初めに吹く南風のことです。
夏季の「南風」は、「みなみ」とか「はえ」とも読みます。

この「はえ」は、中国・四国・九州地方等、西日本の言葉で、特に、梅雨時のどんよりと曇った日に吹く南風を、空の黒いイメージから黒南風と呼んでいます。確かに、梅雨に入ってから吹く風は、何だか湿っていて陰気で暗いイメージがありますね。

反対語として梅雨《つゆ》明け頃の南風は、白南風［しらはえ・しろはえ］と呼ばれています。梅雨《つゆ》明けの空に巻雲《けんうん》や巻層雲《けんそううん》が白くかかるころ、そよ吹く南からの季節風が「しろはえ」になります。

歳時記《さいじき》では、黒南風は仲夏（六月六日〜七月六日）、白南風は晩夏（七月七日〜八月七日）の季語に配されています。

白南風や渚に魚のふを洗ふ　　静水
黒南風を十字に切りて異人墓地　　幽明
夏至南風 海は白馬の牧となる　　春明

黄砂《こうさ》って、どこから、いつ頃、飛んでくるのですか?

主として大陸の黄土地帯《おうどちたい》で吹き上げられた多量の砂じんが上空の風に流され、日本付近に降下することです。春には、西日本を中心にたびたび黄砂現象が起こり、空が黄色っぽくかすんで見えます。ひどくなると交通機関に影響がでたり、アレルギー反応をおこすこともあります。

黄砂《こうさ》とは、東アジアの砂漠域《さばくいき》(ゴビ砂漠、タクラマカン砂漠など)や黄土地帯《おうどちたい》から強風により大気中に舞い上がった黄砂粒子が浮遊《ふゆう》しつつ降下する現象をいいます。

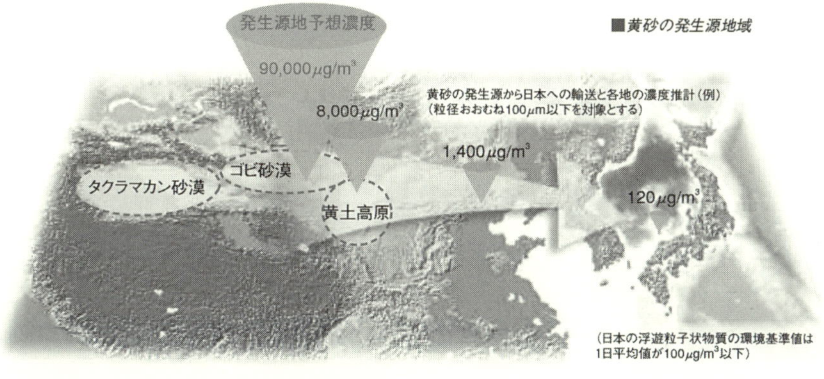

環境省ホームページより　黄砂の発生源地域

日本における黄砂《こうさ》現象は、春に観測されることが多く、時には空が黄褐色《おうかっしょく》に煙ることがあります。

黄砂観測日数の平年値(1971-2000)

(61地点での統計)

1月	2月	3月	4月	5月	6月	7月	8月	9月	10月	11月	12月	合計
0.8	2.3	5.3	7.3	3.3	0.1	0.0	0.0	0.0	0.1	0.3	0.5	20.1

黄砂現象発生の有無や黄砂の飛来量《ひらいりょう》は、発生域の強風の程度に加えて、地表面の状態(植生《しょくせい》、積雪《せきせつ》の有無、土壌水分量《どじょうすいぶんりょう》、地表面の土壌粒径《どじょうりゅうけい》など)や上空の風の状態によって大きく左右されます。黄砂粒子《こうさりゅうし》はいったん大気中に舞い上がると、比較的大きな粒子(粒径《りゅうけい》が10マイクロメートル以上(1マイクロメートルは1ミリメートルの千分の一の長さ))は重力によって速やかに落下しますが、小さな粒子(粒径が数マイクロメートル以下)は上空の風によって遠くまで運ばれます。例えば、東アジアが起源の黄砂粒子が太平洋を横断し、北米やグリーンランドへ輸送されたことも報告されています。

今日テレビの天気予報で「黄砂《こうさ》」が飛んでいると言っていました。黄砂ってどうやって観測しているのですか?

全国の気象台等では、空中に浮遊《ふゆう》した黄砂《こうさ》で大気が混濁《こんだく》した状態を観測者が目視で確認した時を、黄砂として観測しています。黄砂の観測では、黄砂の観測を開始した時間と終了した時間、決められた観測時間の視程などを記録しています。

また、気象庁では、サンフォトメータ、エーロゾルライダー、気象衛星などのリモートセンシング技術による観測装置を用いて、黄砂などのエーロゾルの観測を行っています。

＊サンフォトメータは綾里(岩手県)、南鳥島(東京都)、与那国島(沖縄県)

の3地点でエーロゾルによる大気の濁り具合をエーロゾル光学的厚さの数値にして観測します。エーロゾルライダーでは黄砂の鉛直構造《えんちょくこうぞう》やその時間的な変化の様子を観測できます。また、人工衛星の画像を解析することにより、黄砂の分布状況を観測しています。

＊エーロゾルライダー（レーザーレーダー）は、レーザー光のパルスを大気に射出し、大気分子・雲・エーロゾルなどの物質によって散乱された光を望遠鏡で受信し、エーロゾルの分布を連続して観測する装置です。

また、黄砂が発生するかどうかは、数対予報を使って予測することができるようになっています。黄砂の予測には、黄砂発生域での黄砂の舞い上がり、移動や拡散、降下の過程等を組み込んだ数値予測モデルを用いています。

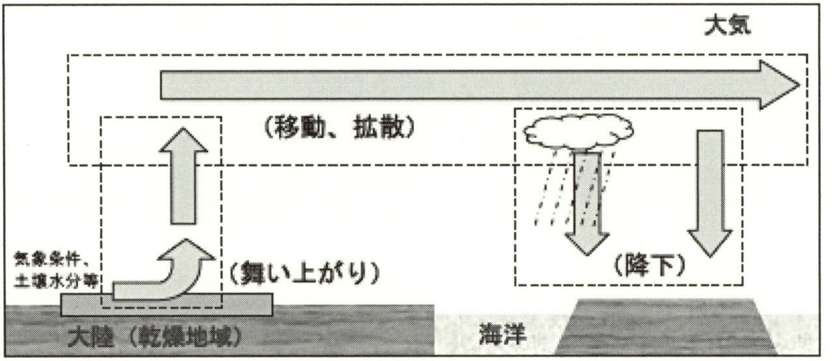

黄砂予測モデルの模式図　（気象庁ホームページより）

気象庁で用いている黄砂の数値予測モデルは、水平解像度《すいへいかいぞうど》が約110km、鉛直解像度が20層（地表～約23km）で、粒径0.1マイクロメートル～10マイクロメートルの黄砂を10段階に分割して、96時間先までの黄砂の濃度などを予測しています。

気象庁ホームページ黄砂情報の図では、この黄砂予測モデルの結果をもとに、地表付近（高度1kmまで）の濃い黄砂（黄砂濃度が90マイクログラム/立方メートル以上の領域、視程では10km未満に相当）の予測領域などを表示しています。

「フェーン 現象」ってどんなことが起きるのですか?

湿潤《しつじゅん》な空気が山を越えて反対側に吹き下りたときに、風下側で吹く乾燥した高温の風のことを「フェーン」と言い、そのために付近の気温が上昇することを「フェーン現象」と呼びます。

ことばのもとはフェーン（独:Fohn）というアルプス山中で吹く局地風のことでした。フェーンのメカニズムは下図の左側に示した山越え気流の場合、右側に示した温度変化で説明できます。

これは、湿潤な空気が山を吹き上がる時は、湿潤な空気に含まれる水蒸気を雨として降らせながら100メートルにつき0.5℃の割合で気温が下がり、逆に山を吹き下りる時は、乾燥した空気が100メートルにつき1℃の割合で上昇しながら吹き下りるため、風下山麓《かざしもさんろく》には乾燥した高温の空気が流れ込みます。ちなみに1933年7月には、フェーン現象により山形市で40.8℃の最高気温を記録しています。

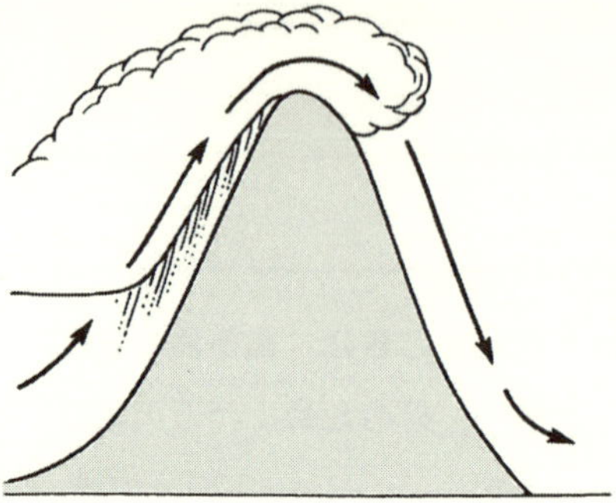

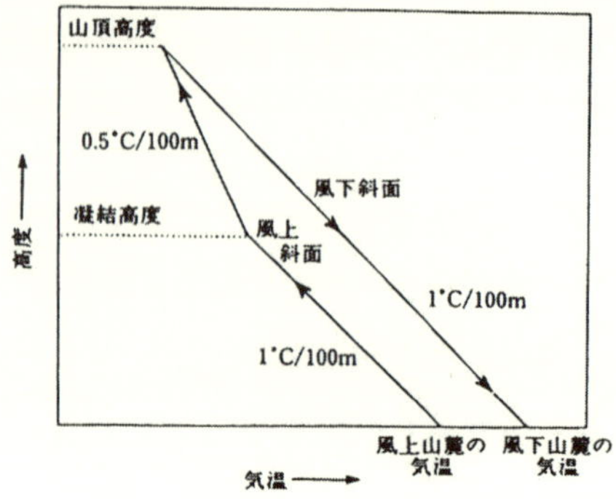

山脈の風上と風下における気温の差を示す

フェーン現象に伴う気温変化

日本では、台風や低気圧が日本海で発達しながら通過するとき、太平洋側から湿潤な空気が中央山脈を越えて日本海側に吹き下りる場合に、しばしばフェーンが発生します。風下側の山麓では乾燥と異常高温が重なって大火が発生することがあります。同じメカニズムで、冬の北西季節風の際も、太平洋側の地方でフェーンが起こります。

他方、大気下層に気温の逆転層《ぎゃくてんそう》あるいは安定層《あんていそう》がある場合、風上における下層の空気は山で阻止され、山頂高度付近の気層の空気が風下へ断熱的に下降することにより乾燥した高温の気流となることがあります。

これは降水を伴わないフェーンで、力学的フェーン(乾いたフェーン)といいます。

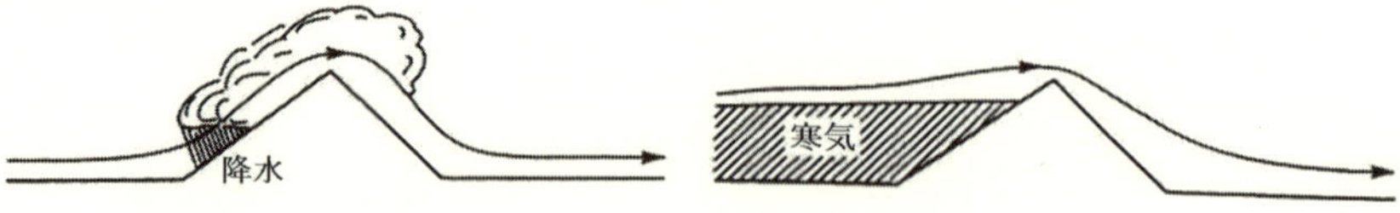

(a) ウェット(wet)型

(b) ドライ(dry)型

フェーンの発生する二つのメカニズム

風速《ふうそく》と瞬間風速《しゅんかんふうそく》はどう違うのですか?

天気予報等で単に「風速《ふうそく》」と表現しているときは、10分間の平均風《へいきんふう》速《そく》のことをさしています。瞬間風速は、変動している風速のうちある時刻の瞬間の風速を指し、平均風速と区別しています。

気象庁ホームページで公表されている風向風速は、例えば、15時のものは、14時50分から15時00分の10分間の平均風向風速計で観測されたデータから、10分間の平均風向・風速を算出し、毎正時前10分間平均風向・風速を正時の観測データとして発表されています。

なお、瞬間風速の算出には風速計から出力される3秒間の平均値（0.25秒間隔の計測値12個の平均値）を用いています。瞬間風速は、平均風速の1.5倍から3倍に達することがあります。

「暴風《ぼうふう》」、「非常に強い風」は、どのくらいの風速のことを指すのですか？

気象庁では、風の強さを「やや強い風」、「強い風」、「非常に強い風」、「猛烈な風」の４段階に分類しています。

「非常に強い風」とは風速20m/s以上30m/s未満《みまん》の風を指します。

一方で、暴風警報基準以上の風のことは「暴風」とも呼んでいます。暴風警報基準は都道府県ごとに設定しており、例えば、東京地方で「暴風」と言うのは風速25m/s以上の風を指しています。

風の強さの分類（気象庁ホームページより）

静穏	風力0（風速0.3m/s未満）
やや強い風	風速が10m/s以上15m/s未満の風
強い風	風速が15m/s以上20m/s未満の風
非常に強い風	風速が20m/s以上30m/s未満の風
暴風	暴風警報基準以上の風
	a）暴風を標題（警報、海上警報）以外で使用する場合は原則として風速を付記する。 天気概況や情報には風速を明示して用いる。 b）台風の風速25m/s以上の暴風域。
猛烈な風	風速がおよそ30m/s以上、または最大瞬間風速が50m/s以上の風

雲のでんわ

雲ってなんでできているの?

雲は、空気中の水分が凝結《ぎょうけつ》して非常に小さい水滴、または氷晶《ひょうしょう》(こおりのつぶ)の群となり、空に浮いているものです。

空気中の水分は通常は目に見えない水蒸気となって、私たちのまわりにありますが、上昇気流によって空気が上昇するとき、まわりの気圧が下がると空気が膨張します。(山などに登ったとき、ポテトチップの袋がパンパンに膨らんでいたなんて経験ありませんか、それと同じこと)同時に気温が下がり露点《ろてん》に達すると、飽和《ほうわ》して水蒸気がほこりやちりを核にして水粒に変わります。これを凝結といいます。寒い朝に息が白く見えるのと同じで、水粒は光にあたると反射によって眼に見える状態になります。空の上で空気中に浮いた小さな水粒が沢山あると、光が散乱され白く見えるようになります。これが雲というわけです。雲の底が黒く見えるのは、光を通さないときで、雲が厚くなっている場合です。

＊上昇気流《じょうしょうきりゅう》　大気が上昇する気流
地形によって発生する上昇気流を地形性上昇気流、大気の対流によって発生する上昇気流を対流性上昇気流または熱上昇気流という。低気圧や前線の付近では暖かい空気(軽い)が冷たい空気(重い)の上に乗り上げて大規模な上昇気流ができる。
＊露点《ろてん》　大気中に含まれている水蒸気が凝結しはじめる温度

一定の体積において空気の中に含まれる水蒸気は、温度によってその含まれる量が決まっています。ある温度で空気中に含まれる目いっぱいの水蒸気量を飽和水蒸気圧といい、その時含まれている水蒸気の量との割合を湿度と呼んで「%」という単位で表します。

空気は暖められると空気の粒の運動がさかんになり、空気の粒はおたがいに離れようとして膨張します。このため暖められた空気は、まわりの空気より軽くなります。そして、温度の上がった分だけ飽和水蒸気圧が増すので、その中にある水蒸気の量が変わらなければ湿度は低くなり、より乾いた状態になります。

「雲」は空気が上昇しながら冷えていき、水蒸気が飽和して水粒に変わったときに目に見えるようになったものなので、水蒸気が少ないと「雲」はできません。いいかえれば、空に雲ができない所には「乾いた空気」があることがわかります。

電話奮闘記

あなたはカウンセラーのよう!

――私、来週の木曜日に聞きたいコンサートがあって藤沢から東京に行きたいんだけど。
天気はどうでしょうか？台風4号はどの辺に影響しているんでしょうか？
台風が接近する予想は、関東甲信地方では14日から15日ごろかと思います。
16日は、週間予報では◎(くもり)となっています。
私は、予報円を見ていると心配が募って、夜も眠られなくなってしまうんです。NHKの○○気象予報士が間違ってばかりいるから、TVももう見たくないんです。

先生　それではこうしたらいかがですか。
TVの天気予報ももう見ないことにして、気温の程度が何度かなども気にしない。台風が接近するまでは、台風の情報も聞かないでいたら、台風がどこにくるかという予報円の心配事もなくなると思いますよ。

――そうしようかな。心配するより飛ぶものを先に縛っておけばいいんだし、出かけるときはタクシーか電車にすればいいんだしね。そのほうがよっぽど安心ね。いいことを言っていただきました。あなたは、カウンセラーのような人ですね。

先生　私は、別におかしいわけではないけれど。
(はて何で、カウンセラーとくらべられたんだろう？)

ペットボトルで雲を作ろう!

①ペットボトルのまわりのシールをはがし透明の状態にして、水を入れてからふたをキチンとして、よく振ります。

力いっぱいガンガン振れば振るほどいい雲ができますよ。

②ふたを開けて中の水を捨て、逆さにしたペットボトルに線香《せんこう》の煙を少々入れます。雲ができるためにはタネとなる核が必要で、煙は雲の核になります。（煙は蚊《か》取《と》り線香《せんこう》でも何でもけっこう、中が白くならない程度に入れましょう）

③ふたをして準備は完了。

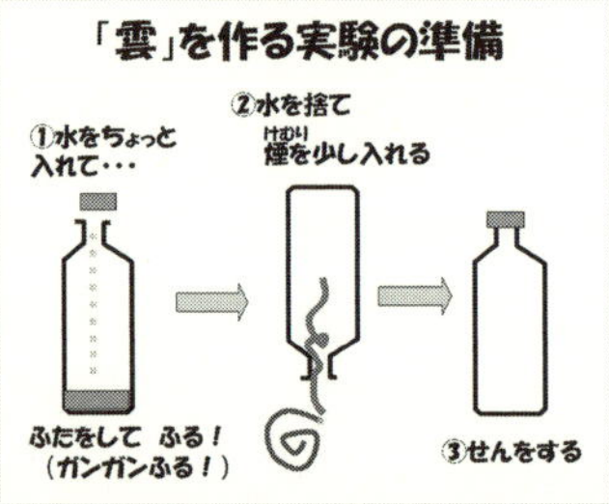

④目の前にペットボトルをかざして、手でつぶすように押してから反動でボトルがもとにもどると「ペコ」と音がする。その瞬間のペットボトルの中の変化が見えましたか。

⑤ペットボトルの中では、最初は目に見えない水蒸気が、水粒に変わって白くもやもやとなります。白いもやのように見えたら成功です。

ペットボトルの中で、圧縮《あっしゅく》された水蒸気は瞬間的に断熱膨張《だんねつぼうちょう》したため気温が下がって凝結し、雲ができました。

空を見ていたらところどころに雲があるのに「天気予報」では「晴れ」となっています。「晴れ」や「くもり」って、どうやって決めているのですか？「お天気」は雲の量で決まるって本当ですか？

快晴、晴れ、くもりの区別は「雲量《うんりょう》」で決まります。「雲量」とは空を見まわしたとき空全体のどのくらいが雲に覆われているかを示す数字です。雲が全天を覆っているときが雲量10となります。

雲が空全体の50%を覆っていれば、雲量5、雲量0から5%未満のときは雲量0です。予報用語の定義では、雲量0〜1は「快晴」、2〜8は「晴れ」、9〜10は「くもり」です。つまり、「くもり」とは、空全体の85%以上が「雲」で占められていること、「快晴」とは、空全体の85%以上が「青空」で占められているということになり、85%未満の雲量では、「快晴」も含めた「晴れ」となります。

ところが天気予報で使われる「晴れ」とは、予報用語の「快晴」、「晴れ」と「うす曇り」といって、巻雲《けんうん》や巻層雲《けんそううん》、巻積雲《けんせきうん》がそれ以下の高さの雲の雲量より多くあり、太陽の光が透けて地物の影ができるようになるときも「晴れ」の表現に含めています。

また、日平均雲量（3・9・15・21 時の1日4回の観測値を平均して求めたもの、3 時または21 時の観測を行わない官署は、2 回または3回の観測値を平均）から割り出した日別天気出現率の統計では、日平均雲量8.5未満のとき「晴れ」、日平均雲量8.5以上を「曇」としています。

青空に、真っすぐ白い筋《すじ》を描く雲が見えることがあるけど、これって何ですか?

それは雲の仲間で、「飛行機雲《ひこうきぐも》」といいます。またの名を「航跡雲《こうせきうん》」といいます。

飛行機雲は、飛行機が出す排気ガスの煙と思っているひともいますが、ジェット機などのエンジンから出る排気《はいき》ガス中の水分、あるいは翼の近傍《きんぼう》の低圧部が原因となって発生する雲で煙ではありません。

高い空の上では、気温は地上より低く、そのわりあいは地上から100メートル高くなるごとに、0.6度下がります。

旅客ジェット機の飛ぶ高度1万mでは、地上より60度も気温が低く、気圧も低いため、エンジンからの排気ガスの中に含まれる水蒸気は、急に冷やされて氷でできた氷晶《ひょうしょう》の雲になります。それが飛行機雲です。

上空の温度、湿度、空気の流れなど気象条件によって飛行機雲ができなかったり、できても短かったり、すぐ消えてしまうときがあります。また、その反対に長くのびてだんだん広がりながら空に残るときがあります。

青空だけが広がっているような空は、空気が乾いているので、発生直後に蒸発して目に見えない水蒸気の状態になるため、すぐ消滅してしまいます。

空に湿りがあり、巻雲《けんうん》や巻層雲《けんそううん》があるときは、飛行機雲が発生した直後は白い線のように見えて、しばらくすると幅が広くなり、小さなキノコ状の雲が一定の間隔で、線と直角の方向に並ぶのが見られます。

もともと、ジェット機の燃料ケロシンの主な成分は炭化水素で、炭素は燃えたあとは、二酸化炭素になり(燃え残ったすすは雲の核になります)、水素は水となることから、飛行機雲のもととなるエンジンの排気に含まれる水の量は燃料の量とほぼ同じ量となります。(ジェット機は空の上で、水をまいて飛んでいるようなもの）それが熱せられて水蒸気として放出され、これがまわりの空気中の水分と合わせて水滴になり、さらに高い空の上で氷結して飛行機雲となるので、飛行機のまわりの空気が乾いているか湿っているかという気象条件の違いで、飛行機雲ができやすい場合とできにくい場合があります。飛行機が長々と雲を引き、それがなかなか消えない時は天気の下り坂のときです。

飛行機雲は長くのびてさらに空に広がっているか、できた飛行機雲がすぐ消えてしまうのかを見るだけで、天気が良くなるか、下り坂になるのかという天気の予報ができるわけです。

雲のできるわけ

ひこうき雲

消滅《しょうめつ》飛《ひ》行《こう》機《き》雲《ぐも》　dissipation trails（distrails）**は雲の中を飛行機が通った道です。**

空中に雲を描く飛行機雲とは逆に、雲が薄く広がる中を飛行機が通ると、雲が筋状になくなっていきます。

これは消滅《しょうめつ》飛《ひ》行《こう》機《き》雲《ぐも》または反対《はんたい》飛《ひ》行《こう》機《き》雲《ぐも》と呼ばれます。発生原因は、飛行機の排出ガスの熱により大気中の水分が蒸発すること、乱気流により周囲の乾いた大気と混ざること、エンジン排気の粒子により水分が凍結し落下することの3つが挙げられます。

消滅ひこうき雲
（気象庁　山本恵子氏撮影）

「霧《きり》」と「もや」のちがいは何ですか？

霧は「地上に降りた雲」とも言われ、その底が地表面に接しているものを「霧」、地表面から離れているものを「層雲《そううん》」と区別しています。霧は大気中に浮かんでいる直径が10 μｍ～数10 μｍ の徴小な水滴《すいてき》（または氷晶《ひょうしょう》）が光を散乱《さんらん》、反射《はんしゃ》、吸収《きゅうしゅう》するため白く見え、遠くの光がとどかず、ものが見えなくなる現象です。水平方向にどのくらい遠くまで見えるかを距離であらわしたものを「視程《してい》」といい、直径が100 μｍ 以上の雲粒《うんりゅう》や雨粒《あめつぶ》に比べ、小さな霧粒《きりつぶ》が数多くある方が視程が悪くなります。気象台では水平視程《すいへいしてい》が1km 未満のものを「霧」、1km 以上～10km 未満のものを「もや」として観測しています。

(体験のはなし)京都府の舞鶴に2年間住んでいた時のはなしです。

秋から初冬にかけ高気圧に覆われた翌朝は、気温が一段と下がり霧が発生します。この霧が時間と共に変化し、「層雲《そううん》」と呼ばれる低い雲となって舞鶴の市街や舞鶴湾を覆うとき、観光名所として名高い五老ヶ岳の山頂付近(標高約３００ メートル)から、「霧《きり》の雲海《うんかい》」として眺めることができます。この原因は、舞鶴の地形が山に囲まれていて川や海から水蒸気の補給《ほきゅう》があるという、霧が発生しやすい条件がそろっているためです。一般に、晴れて風の弱い夜間に、放射冷却《ほうしゃれいきゃく》により地表付近の水蒸気を含んだ空気が冷やされると、上空より低温となって「接地逆転層《せっちぎゃくてんそう》」ができるため、乾燥した安定層の下に「放射霧《ほうしゃぎり》」が発生します。霧は地形の等高度線《とうこうどせん》に沿って低地や川沿いに広がり、周囲の山から市街地を抜けて舞鶴湾から日本海へでると上昇発散し消え

※「逆転層《ぎゃくてんそう》」：普通は、上空ほど気温が低くなっていますが、放射冷却起こると地表付近の気温が上空より低くなります。これを「逆転層」といいます。

ていきます。同様に雲海は太陽が高くなるとともに対流活動により消えていきます。

【五老ヶ岳から見た雲海】

※雲海の向こうに「滝雲《たきぐも》」とよばれる雲が見えています

舞鶴で発生する霧には、気温が下がることによって発生する「放射霧」と、水蒸気の補給によって発生する「蒸発霧」があります。

1.「放射霧《ほうしゃぎり》」

高気圧に覆われ、晴れて風の弱い夜間に、放射冷却によって地表付近の空気が冷やされて飽和し、水蒸気が小さな水滴に変わり霧が発生します。

この霧は盆地特有の霧で、福知山・綾部でも発生しています。この霧は、日の出とともに地表付近の空気が暖められると消えていきます。

【放射霧の発生の仕組み】

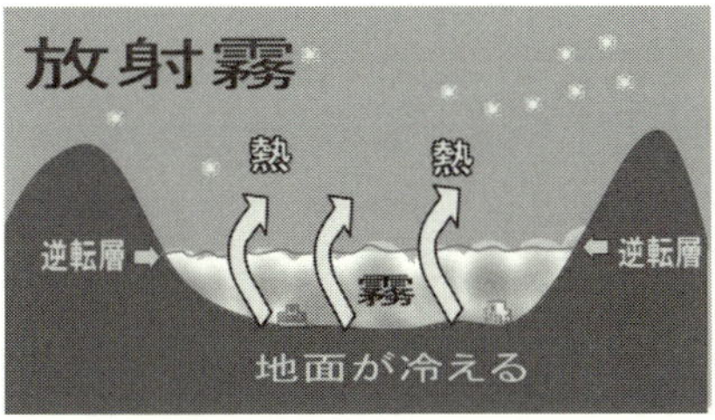

【五老ヶ岳から見た放射霧】

2. 「蒸発霧《じょうはつぎり》」

暖かい水面の上に冷たい空気が流れ込んでくると、水面から蒸発した水蒸気が冷やされて湯気のような霧が発生します。秋から冬かけて、由良川や舞鶴湾で発する霧で「蒸気霧」ともいいます。

【蒸気霧の発生の仕組み】

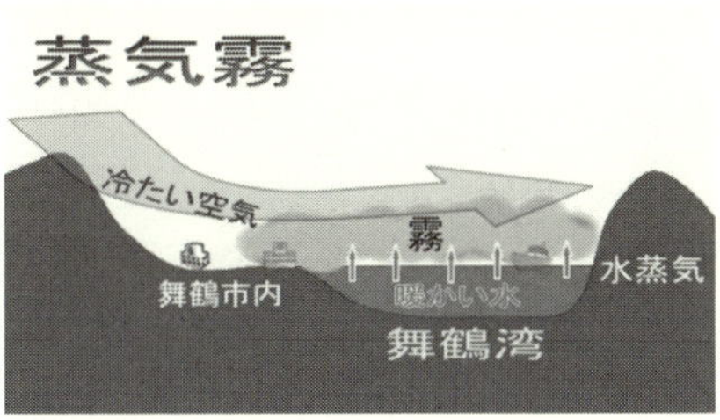

【舞鶴湾の蒸気霧】

今朝、海面《かいめん》から湯気《ゆげ》が出ていました。これって何ですか？

穏やかに晴れた朝、海面からもうもうと風呂場の湯気のように水蒸《すいじょう》気《き》が立ち上ることがあります。日本中のどこでも気温が下がる頃に見られるもので、海面との気温差が大きいほど水蒸気は多く発生します。

舞鶴湾の水蒸《すいじょう》気《き》霧《ぎり》もこれにあたります。これを北海道では「けあらし」と呼んでおり、留萌地方で使われ始めたのがきっかけとされています。けあらしは、気温が最も低くなる日の出ごろに発生し、昼前には消散することが多い現象です。

このメカニズムは、まず夜間に放射冷却が強く起こり、内陸や山地で空気が冷やされます。冷やされた空気は重いため、谷や川に沿ってゆっくり流れ、河口から暖かい海面上に流れ込んで霧が発生するのです。留萌や釧路、浦河などの地方の沿岸部で多く見られるのは、このためです。現れやすい気象条件は、冬型の気圧配置が緩んで季節風が弱まった時で、気温が氷点下15度以下、海水温と気温の温度差が15度以上、風速は2～4メートルくらいの風が弱い時です。

けあらしは、高気圧に広く覆われるときに見られるので、日中も穏やかな晴天を約束してくれます。このようなことから、しばれた朝は「日中の漁日和」と地元の漁師の人には歓迎されています。

＊しば・れる：（北海道・東北地方で）凍る。厳しく冷えこむ。

太陽方向に大きな円となった不思議なまるい雲が見え、これは何?と大騒ぎとなりました。（東京の保育園より）

空を見上げるとさまざまな現象が見られます。
青い空、白い雲、入道雲（かみなり雲）、うろこ雲、巻雲《けんうん》、飛行機雲《ひこうきぐも》、彩雲《さいうん》、夕焼《ゆうや》け、虹《にじ》、太陽《たいよう》の暈《かさ》、月暈《つきがさ》、環天頂《かんてんちょう》　アーク（逆《さか》さ虹《にじ》）などなど、じっくり見ていると美しくさえ見えてきます。

その大騒ぎの原因となった太陽方向の大きな円となった不思議なまるい雲ですが、実は「雲」ではなく太陽の暈《かさ》と呼ばれるものです。

当日９時の天気図では三陸沖に中心を持つ、移動性高気圧に広く覆われ東京は晴れていましたが、同時刻の雲の観測では、ほんのわずかしかなかった巻雲が、昼ごろまでに薄く広がる巻層雲《けんそううん》（この雲は氷晶《ひょうしょう》と呼ばれる氷の結晶でできている）に変わりました。巻層雲《けんそううん》という薄い雲が広がると太陽の光が雲の中にある氷の結晶に当たり、プリズム効果で光を分解し、地上から太陽方向を見たときに太陽の暈が見られます。

つまり、天気の下り坂になるころ、よく見られる大気光学現象のひとつということになります。

「暈《かさ》」は太陽を中心とした視角22度と46度の位置にできる。「日暈《ひがさ》、月暈《つきがさ》は雨の前触れ」という天気ことわざがありますが、雲が厚くなると太陽はぼんやりし暈は見えなくなって、やがて雨雲が広がります。

巻層雲を形成する氷晶は多くの場合、単純な六角柱状の形をしています。氷晶のそれぞれの面は60度、90度、120度のいずれかの角を成しているため、氷晶は頂角60度のプリズムとしてはたらきます。このとき氷晶の向きがランダムになっていると、屈折《くっせつ》された太陽からの光が、太陽を中心とした半径（視半径）約22度の円として見え、内暈《うちがさ》といいます。

光線が六角柱状の氷晶の底面から入射し側面から出る場合、あるいは側面から入射し底面から出る場合には、この2つの面は90度の角を成しているため、氷晶は頂角90度のプリズムとしてはたらきます。このとき氷晶の向きがランダムになっていると、屈折された太陽からの光が、太陽を中心とした半径（視半径）約46度の円として見えます。これを外暈《そとがさ》といいます。内暈も外暈ともに屈折率が小さい赤色が内側、紫色が外側となります。

　また、幻日は内暈（自分から見て太陽となす角度が22°の位置に生じる暈）の左右にできる明るく色づいた光点で、氷晶による光の屈折でできます。

　下の写真は、月にかかった月暈と呼ばれる現象を魚眼レンズで撮影したものです。視角22度の内暈が見えています。

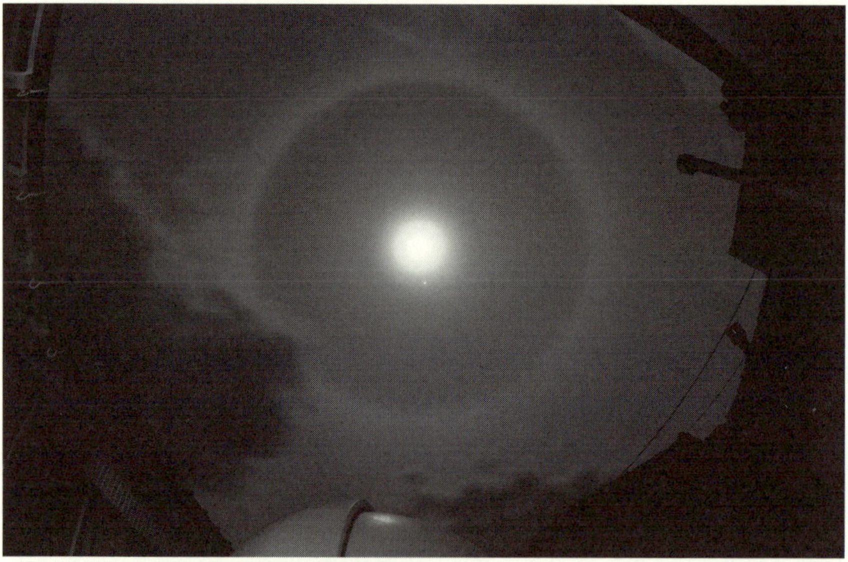

月暈と木星（兵庫県豊岡市　坂戸宏敏氏撮影）

「かんぱち雲」（環八雲《かんぱちぐも》）って何ですか?

夏の晴れた暑い日の午後、東京都内の道路「環状八号線《かんじょうはちごうせん》」の沿線にそって、上空に雲が生じることがあります。これを環八雲《かんぱちぐも》と呼びます。相模湾と東京湾からそれぞれ吹き込む海風が、環状八号線付近で収束して上昇《じょうしょう》気流《きりゅう》ができることと、車の交通量が多いことから雲の核になる排気ガスの汚染物質《おせんぶっしつ》がたくさん浮遊していることによって生じた綿《わた》のように並ぶ積雲(わた雲)の列です。

大気汚染のもとになる浮遊《ふゆう》微粒子《びりゅうし》は、重油などから発生した硫黄《いおう》や窒素《ちっそ》を含んだ物質です。これらは、朝のうちまで海上の沿岸に沿って、浮いていますが、海風とともに内陸にはこばれます。

海風とは夏の強い日照によって地面が暖められると内陸で上昇気流ができ、空気が減って気圧が下がったところに海から吹きこむ風です。

こうしてできた収束線《しゅうそくせん》付近では、気温の上がる午後になると環八雲ができるとともに、NOxやSOxという光化学《こうかがく》物質の濃度が高くなるので「光化学スモッグ注意報」が発表されることが多くなります。

環八雲は人間活動によって都市にできる雲という特徴を持つとともに、環境汚染の象徴でもある雲と言えます。

かみなりってすごい光やゴロゴロという音が鳴るのはなぜ?

積乱雲《せきらんうん》の中では、つよい上昇気流《じょうしょうきりゅう》や下降気流《かこうきりゅう》があり、氷のつぶ(「ひょう」や「あられ])が、激しくぶつかりあったり、こすれあったりしてできる静電気《せいでんき》がたまっています。

これが雲の中から雲の中へ、雲の中から地上へと放電すると電磁波《でんじは》が発生します。この電波《でんぱ》によりラジオでは50キロ以内くらいに かみなり雲があると、「ジジッ」「バリッ」といった雑音が入るようになります。

また、ピカッと光るイナズマは、稲光《いなびかり》ともいわれる電気の流れで、空気の中をとおる時、空気が1万℃以上にもあたためられて瞬間的に空気がふくらみ、周りの空気をゆらすため、ゴロゴロという音がきこえます。かみなりの音が聞こえ始めたら、屋外にいる場合はただちに建物の中や車の中に入って、かみなりが去るまで待ちましょう。

かみなり雲とは、積乱雲《せきらんうん》のことで、入道雲《にゅうどうぐも》ともいいます。夏に見られることが多いので、冬場にはあまりお目にかからないと思われがちですが、低気圧とともに寒冷前線《かんれいぜんせん》が通過するときや、上空に強い寒気が入って、大気の状態が不安定となるときなど、冬でも積乱雲は発生します。

とくに日本海側の沿岸部では、夏よりもむしろ冬の方が発生しやすく、かみなりとともにたつ巻が発生することもあります。これは、大陸から流れ込む寒気と日本海の対馬暖流《つしまだんりゅう》が影響するためです。

たつ巻はどうやっておきるのですか?

雲頂《うんちょう》が急激に発達する雲の中で強い上昇流《じょうしょうりゅう》が起こるとき、何らかの原因で回転をはじめるとメソサイクロンと呼ばれる渦《うず》が発生します。かみなり雲の中でメソサイクロンができると真っ黒いかみなり雲の下から渦《うず》の回転がものすごく速い、ろうと雲と呼ばれるうずまきが地上にのびてたつ巻となります。

たつ巻は強い力で家を破壊し、自動車を持ち上げたり、汽車を脱線させたりします。1989年12月11日の千葉県大原町でおきたたつ巻では4トントラックが道の反対側で横倒しになっていました。また2006年9月17日の宮崎県延岡市のたつ巻被害では、飛散《ひさん》した瓦《かわら》や窓ガラスの破片《はへん》が手《しゅ》裏剣《りけん》のように家に突き刺さって建物が壊され、人が空中を飛ばされたりして3人が亡くなりました。

＊メソサイクロン：たつ巻自体は小さい現象なので気象ドップラーレーダーで直接捉えられません。しかし、たつ巻の親雲となる積乱雲は、直径数kmの程度のメソサイクロンといわれる渦をもち、ドップラーレーダーで検出することができるので、たつ巻注意情報の判断に使われています。

ろうと(左)

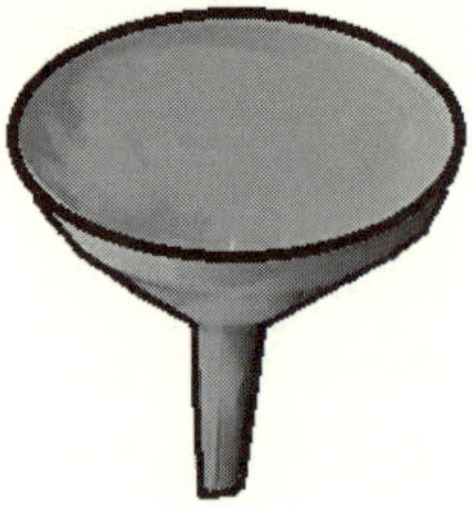

ろうと雲(右)

＊たつ巻とろうと雲の違い：ろうと雲は、積乱雲の底から地上に向かって回転しながらのびる雲です。ろうと雲の先端の目に見えない渦が地面や海上に達し、激しい上昇気流で土埃や水を巻き上げた状態になったものがたつ巻ということになります。

たつ巻を見た人が、上からの渦巻きと下からの渦巻きが合体して竜巻ができたというのは、このときのことをさしています。ですから。巻き上げた水とろうと雲の間が切れて見えても、巻き上げた状態となっていれば、たつ巻といっています。

ろうと(左) ろうと雲(右)

たつ巻と漏斗雲(気象庁提供)

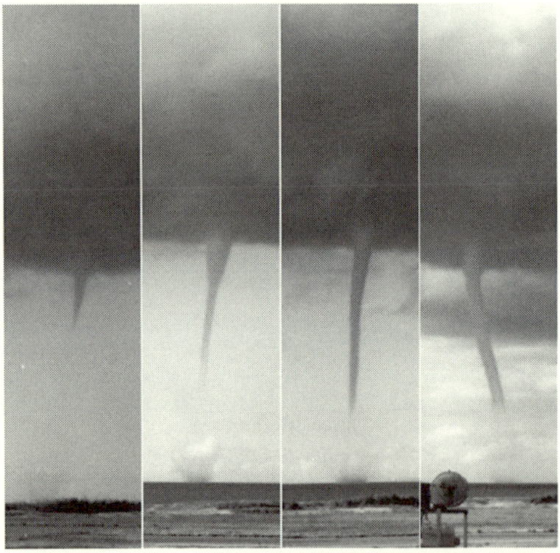

昭和59年9月12日の新潟市沖の竜巻(気象庁　本間清史氏撮影)

光のでんわ

青空はなぜ青いのですか？

私たちが雲がほとんどない空を見るとき、何を見ているのでしょうか。夜には見えている星の姿は昼間には見えません。

それは、大気層《たいきそう》を通ってとどく太陽光が、空気中のちりや水蒸気や空気の分子など大小の粒子により散乱され、空一面に波長の短い紫《むらさき》や藍《あい》、青《あお》といった青系の光が広がっているのが目に届いているからなのです。

太陽光はもともと無色に見えますが、プリズムで色を分けると、波長《はちょう》の短い方から順に、紫、藍、青、緑、黄、橙、赤と虹のように七色になります。空気中の浮遊物《ふゆうぶつ》に、この光が衝突《しょうとつ》すると波長の短い光線は、波長の長い光線より大きく散乱されるため、青系の色が目に届くことなり、空は青く見えるのです。それでも空気中に水蒸気が多いと波長の長い赤系の色も散乱されるようになるため、晴れた日でも、空の色は白っぽくなります。

春には「霞《かすみ》」と呼ばれる「もや」がかかったような空が見えたり、夏の空が晴れていても白っぽく見えたりすることがあるのは、水蒸気が多いせいです。

このほか、工場から排出される煤煙《ばいえん》や車の排気による汚染物質《おせんぶっしつ》が浮遊するところでは、スモッグにより空の色が白くなります。

これまでのアンケート調査で、曇天や雨空などに加え、煤煙《ばいえん》などが浮遊する白濁《はくだく》した空は気分がすぐれない。快晴の青空を見ると心が落ち着いて、いやされるという結果が出ています。

確かに、天気が荒れて大雨が降ったりしたときは、外に出るのも億劫《おっくう》になりますが、雨がやんで目にもまぶしい青空が広がると、さわやかな気持ちになって心がなごみますね。

なぜ冬の空は夏の空より澄《す》んで見えるのですか?

空気が濁《にご》っているか澄んでいるかは、空気中に含まれている水蒸気《すいじょうき》やちりなどが多いか少ないかによります。冬は夏に比べて空気中の水蒸気やちりが少ないために空が澄んで見えます。

夏は、暖かく湿った太平洋の高気圧《こうきあつ》におおわれることが多いため、空気中には水蒸気がたくさん含まれます。また、地面付近が熱せられて空気の対流がさかんになってちりが多く含まれるようになります。

一方、冬になると、大陸から吹き出す冷たく乾燥した季節風の影響をうけることが多くなるため、空気中の水蒸気は少なくなり、また、空気の対流も弱いことから空気中のちりが少なくなります。

さらに、季節風《きせつふう》によって、もともと日本付近にある空気中のちりなどが吹き払われてしまうことも、空気が澄んで見える理由のひとつです。

ところで、春と秋の空はどう見えるのでしょうか。

春と秋の天気の特徴は、日本付近を通過する移動性高気圧《いどうせいこうきあつ》が現れることです。移動性高気圧が通過するときは、晴れの天気が続きますが、発達しながら通過する場合と、衰弱《すいじゃく》しながら通過する場合とでは違いがあります。

春は移動性高気圧が発達しながら通過する場合が多いので、高気圧の中心より後面の期間が長くなるため、南から暖かくて湿った空気が入りやすく、空にもやがかかって白い空が広がります。これを春霞《はるがすみ》といいます。

一方、秋は衰弱しながら通過する場合が多いので、秋は移動性高気圧の前面に位置する期間が長くなり、北から冷たく乾いた空気が入りやすくなるため、秋の移動性高気圧は、さわやかな秋晴れをもたらします。

「夕焼《ゆうや》け」って
どんなときに見えるのですか?

「夕焼け」とは、「太陽が沈むころ、雲がないときに西の空が赤く見えること」です。

太陽が地平線《ちへいせん》の下に沈むころは、昼間より長い大気層《たいきそう》を通って太陽光がとどくため、空気中の大小の粒子《りゅうし》により、光が散乱され短波長側《たんぱちょうがわ》の紫や青の光が失われていくことによって空に赤みがかかります。

光の波長《はちょう》と比べて小さい空気分子に衝突すると青は強く散乱《さくらん》され四方八方に進み、赤はあまり散乱されないで前方に進みます。大きい粒子(エアロゾル、雲粒《うんりゅう》)に衝突するとどの色もそのまま前へ進みます(前方散乱《ぜんぽうさんらん》)。

結局、長い大気層に含まれる小さな粒子で散乱されずに残った赤が前方散乱で強調されて赤い光がとどくのです。

夕焼けのときに空がよりきれいに見えるときは、夕焼けに赤く染まる雲があるときです。

夕日が未だ直接見えている時間帯では雲は赤く染まりません。地平線上にある雲が、地平線の彼方からくる夕日を反射する位置に入ったとき、そのわずかな時間だけ雲は夕日を映し出し、光り輝いて見えます。

しばらく時間がたつとその雲は、今まさに沈まんとして見える夕日を映し、光の強いオレンジかかった色を反射して雲が赤く染まっていきます。

夕焼け雲が夕焼けより赤くなり劇的にきれいに見えるのは、「沈んでしまった夕日」が、地平線の彼方から、地平線スレスレに送ってくる散乱光《さんらんこう》が、最高潮《さいこうちょう》に赤さを増して雲に届くときです。

　これらの条件がそろうのは、大気が澄んでいる環境で、西の地平線上に夕日の通り抜ける窓が開いていること、西空から上空にかけて広範囲に高度の高い(白く見える)雲が存在することがあげられます。

虹はどうしてできるのですか?

虹を見たことがありますか？空に半円を描く７色に輝く橋がかかったように見えるので「レインボー・ブリッジ」っていう言葉がありますね。

虹は太陽や月の光が空気中に浮かぶ水粒によって、屈折《くっせつ》（折れ曲がる）・反射《はんしゃ》（はね返る）して起きる現象です。ですから、雨がやんで日が差すときのほか、公園の噴水《ふんすい》や滝壺《たきつぼ》の水煙《すいえん》に、また太陽や月をバックにホースや如雨露《じょうろ》で水を撒《ま》いた空中にでも虹が出ます。

ただし、雪は固形物《こけいぶつ》ですから水粒のように、太陽光が屈折や反射することができないため雪が降っている時や雪が降った後では、虹はできません。

夜間に月の光で見える虹を月虹《げっこう》と呼んでいます。月虹は太陽光と違い光が弱いので白色にしか見えませんが、原理は昼間に見える虹と同じです。

虹は太陽光や月光が反射するのを見ることになるので、必ず太陽（または月）を背にした方向に現れます。空気中の水粒の大きさが大きいほど、色がくっきり見え、水粒の大きさが小さいと色は薄くなって見えます。普通の虹は、主虹といい外側が赤、内側が紫と決まっています。虹の外から内側にかけて、赤、橙、黄、緑、青、藍、紫となります。

虹は基本的に七色と言われますが七色というのは世界共通の定義ではなく、地域や時代によって内容が違っています。例えばスウェーデンでは六色（赤・黄・緑・青・桃・藍）と言われるほか、日本では古くは五色、沖縄地方では二色（赤、黒または赤、青）とされていました。また、日本理科年表では、六色（赤、橙、黄、緑、青、紫）とされています。虹の外側に、もう一つの虹が見えることがありますが、これは副虹《ふくにじ》と呼ばれ、色の順番は内側の虹（主虹《しゅにじ》）とは逆に、内側から外側に赤橙黄緑青藍紫となります。

また、主虹の内側または副虹の外側に過《か》剰《じょう》虹《にじ》が見えることもあります。

電話奮闘記

終わりそうにない電話

——気温を調べたいのですが。

先生　どうぞ。

——平成XX年1月17日18時の気温？

先生　9.8℃です。

——翌日は？

先生　7.1℃。

——16日は？

先生　7.5℃です。

——17日は？

先生　さっき言いましたが……。

9.8℃です。

——翌日は？

先生　7.1℃。

——16日は？

先生　そこまでにしてください。

電話が終わらないことになるとお待ちの方に迷惑がかかりますので。

水平線《すいへいせん》近くにほぼ水平に見える虹があったのですが、これって何?

太陽の高度角《こうどかく》によって虹の大きさは変わり、朝また夕方に太陽の高度が低く水平線近くにある太陽が一番大きく虹を見せることになります。このときの虹は視角42°となり、いいかえれば虹の上部の赤色の帯が見える太陽の高度角は42°から太陽高度を引いた値となります。したがって太陽高度が42°以上になる寸前は虹の上部だけが見え、それより高いときは、虹は水平線の下にあるため見ることはできません。

一般に、太陽高度が42°未満で41°前後のとき横にのびる形となって見える虹を水平虹と呼んでいます。

実際には、湖や海上の水平線に虹の上部にあたる赤色だけの虹が、横にのびて見えたものを「水平虹《すいへいかん》」と呼ぶようで、海上で見た人によれば、 まさに「これって何?」となったとか。

以下の写真を提供していただいた光象の専門家である武田康男氏は、 著書「空の光と色の図鑑」に「水平線近くの虹」と題して紹介しています。

水平線近くの虹(武田康男氏撮影)

飛行機から機影《きえい》が雲に映って周りに円形の虹が見えました。これって何?

これは、ブロッケン現象《げんしょう》といいます。太陽の光が背後からさしこみ、影が雲や霧に映るとき雲粒《くもつぶ》や霧粒《きりつぶ》によって光が散乱され、太陽と正反対の線上にある点)に、ごく小さな水粒(雨粒《あまつぶ》の大きさの水粒では見えませんが、雨粒よりずっと小さい霧や雲の水粒)で太陽光が散乱《さんらん》された後に別の水粒により回折《かいせつ》されて、影の周りに虹色の光の輪(光輪:こうりん、またはブロッケンの虹、グローリー、とも言います)となって現れる現象です。

影の形は飛行機に乗っているときは飛行機の影、観測者が山頂などにいるときは観測者自身の影です(ブロッケンの妖怪)。回折が原因であるため光輪は内側が紫で外側が赤となっています。ブロッケン現象は、霧や雲の中に投影された影と、周りにできる光輪の二つの現象をまとめていう言葉です。

飛行機の影と光輪《こうりん》

ブロッケン現象は雲や霧などの細かい水滴（場合によっては氷晶）でいったん反射した太陽光によって見えるので、太陽の反対側に現れます。

山の頂上で山肌に沿って雲（霧）がゆっくり這い上がり、稜線で太陽の光にあたって消えるようなときによく見られ、見る人の影は間近にあるため奥行きと巨大さが強調されてブロッケンの妖怪（または怪物）と呼ばれます。ブロッケンの名前の由来はドイツのブロッケン山（1,142m）で見た人がいたことからと言われます。

ブロッケンの妖怪　武田康男氏　撮影

また、川霧を谷の上から眺めるとき、雲海となって見えますが、ここにも太陽を背にした自分の影が映されるとき、ブロッケン現象によって円形の虹が見えます。

ブロッケン現象　解説図

太陽の上方に離れた空に虹のような光の帯が見えました。これは何?

環《かん》天頂《てんちょう》アークと言う大気光学現象のひとつで、太陽の上方に離れた空に虹のような光の帯が現れる現象です。 環天頂弧《かんてんちょうこ》、天頂環《てんちょうかん》、天頂弧《てんちょうこ》などとも呼ばれます。またその形状が地平線に向かって凸型の虹に見えることから、俗に逆《さか》さ虹《にじ》とも言います。

環天頂アークは天頂を中心とする円の一部をなし、太陽のちょうど上方を中心とする弧で、太陽側が赤色、反対側が紫色となっています。その現れる高度は太陽高度によって変化し、太陽高度が約22度においては太陽から約46度上方、すなわち外暈が現れる位置とほぼ一致しています。太陽高度がこれより高くても低くても、現れる高度はより高い側へ移動します。

太陽がちょうど地平線上にある場合の環天頂アークの高度は約58度で、太陽高度が約32度で環天頂アークの位置は天頂に一致し、これより太陽高度が高い場合には環天頂アークは現れません。

出現する最低高度が58度であるため、空を見上げなければその出現には気づきにくく、また弧の中心角は太陽がちょうど地平線上にある場合には約108度で、太陽高度が高くなるにつれて大きくなります。

環天頂アークは幻日《げんじつ》と同様に巻層雲《けんそううん》の中に六角板状《ろっかくいたじょう》の氷晶が存在し、風が弱いときに見られます。このとき氷晶《ひょうしょう》は落下の際の空気抵抗により六角形の面を地面に水平にした状態で空中に浮かび、この氷晶の上面に入射した光が氷晶の側面から出る場合、氷晶が頂角90度のプリズムとしてはたらき、色が重なり合わないで鮮明に分離して虹色となって見えるのが特徴です。

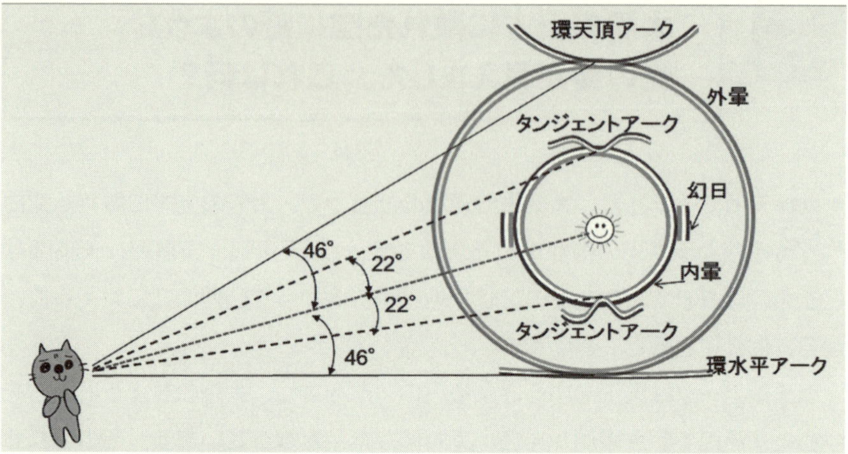

太陽方向に現れる光象の模式図

環天頂アーク

太陽を通る白い光の輪と太陽のまわりの光の輪が重なったのが見えました。これって何？

太陽を通る白い光の輪の正体は幻日環《げんじつかん》です。太陽を中心とした内暈《うちかさ》（ハロー）と重なっているように見えています。

幻日環は太陽の光が上空の雲、巻層雲の氷晶の表面で反射することで発生する大気光象です。風に乱れがない状態では、氷晶は落下の際の空気抵抗により六角形の薄い板状の氷の底を地面に水平にした状態で並んで浮かんでおり、氷晶の側面（鉛直面《えんちょくめん》）に入射した太陽光は同じ角度で反射します。

氷晶によって反射した光は太陽高度《たいようこうど》と同じ高度角に見え、この高度角にある少しずつ向きの異なる氷晶《ひょうしょう》により太陽光が反射することで、周囲全方向から反射光が目に入り天頂を中心として太陽を通る光の輪が見られることになります。このため、幻日環が太陽を貫いているようにも見えます。太陽高度が低いほど幻日環の直径は大きくなり、内暈と比べてかなり大きい幻日環もあります。また、太陽高度が高いほど幻日環の直径は小さくなり、小さくなると内暈の中にすっぽり入ってしまうこともあります。

月でも同様の現象が見られ、幻月環《げんげつかん》と呼ばれます。

幻日環

太陽の周囲にできる光の輪が雲の向こうに見えました。これって何？

太陽や月の周囲にできる光の輪は光冠《こうかん》といい、光環《こうかん》とも表記され、英語ではコロナ（corona）と言います。これは比較的高い所に出る氷の粒でできた雲でなく、水粒によってできた薄い雲が太陽や月にかかったときに、光が回折することでそれらの周りに縁が色づいた青白い光の円盤《えんばん》が見える大気光学現象です。波長が長い光ほど回折角《かいせつかく》が大きくなるため、内側が紫、外側が赤の色の順序となります。

一般的な光冠の全体の直径は１度から５度程度で、雲の水粒が小さいほど回折角が大きくなり、光冠の直径は大きくなります。

水粒《すいりゅう》以外の微粒子《びりゅうし》が空中に浮遊している場合にも見られることがあり、スギ花粉が飛散しているときや、黄砂《こうさ》や風塵《ふうじん》などの微粒子でも同様の光冠が見えます。ただ散乱が大きいため色が見えず、ただ白っぽく見えるだけとなります。

また、大規模な火山の噴火が起こり大気の上層に微細な火山灰が吹き上げられた場合にもこれによる光冠が見られことがあります。

月の光冠　（2011年12月10日　月食の写真）

モワーっと光って
見えるのが
コロナなんだね!

波のでんわ

波はどうしてできるの？

波とは海や湖で砂浜に寄せては返す水面の高低運動《こうていうんどう》のこと。みんなが海辺でよく見る風景です。この波は、海や湖で水面の上を風が吹くときに沖の方で波が立ち、まわりへ広がって岸に寄せては返す波となります。波は風が吹いたことによってその場所に発生する「風浪《ふうろう》」と、他の場所で発生した風浪が伝わってきたり、あるいは風が静まった後に残された「うねり」の２つに分類されます。そして、風浪とうねりを合わせて「波浪《はろう》」と呼びます。

一般にうねりとなって伝播《でんぱ》する波は遠くへいくにしたがって波高《なみだか》は低くなり、周期が長くなりながら次第に弱まっていきますが、高いうねりは数千キロメートルも離れた場所で観測されることもあります。

「土用波《どようなみ》」と「土用《どよう》の丑《うし》」

土用とは、暦《こよみ》の雑節気《ざっせつき》（季節の区分を表す言葉）で俗《ぞく》に夏の土用（立秋直前）の18日間を指します。日本では古来より夏の土用の丑の日（土用の間の十二支が丑にあたる日）には鰻《うなぎ》を食べる習慣があり、夏バテ防止のためとウナギの蒲焼《かばやき》が大繁盛。この由来として、江戸時代、ウナギが売れないと困っていた鰻《うなぎ》屋《や》に相談を受けた平賀《ひらが》源内《げんない》が、「丑の日に『う』の字が附く物を食べると夏負けしない」という言い伝えを広めることを教え、「本日丑の日」と書いて店先に貼ったところ鰻屋は大繁盛したという説があります。でもほんとうのウナギの旬は晩秋から初冬にかけての時期、最も脂がのっておいしくなるといわれます。

夏から秋にかけて太平洋に面した海岸に押し寄せる高い波（うねり）を「土

用波」といいます。これは、「土用の丑」とは縁がなく、この時期の台風が発達しながら太平洋を北上することから、台風の暴風により日本の太平洋岸にうねりがとどくため、高波に注意が必要だからです。

台風が近づいて波が高くなってきている最中にサーフィンに出かけたり、高波を見るために海岸へ出かけたりして、高波にさらわれる事故が毎年発生しています。台風接近時には海岸を突然大波が襲うことは珍しくありません。このようなときにはむやみに海岸へ近づかないでください。

台風による高潮と高波の重なり合い

南に開いた湾の場合は台風が西側を北上すると南風が吹き続けますので、特に高潮が発生しやすくなります。それに加えて強風によって発生した高い波浪が沖から打ち寄せ、海面は一層高くなります。

一方、台風が東側を北上すると、北風となるため海岸付近では風浪は小さいものの、少し沖へ出れば風浪は高くなります。このとき、南からのうねりがあると、お互いにぶつかり合って複雑な波が発生しやすくなります。ときには、「三角波」、「一発大波」と呼ばれる進む方向が二つ以上の波がぶつかって、短い周期で突き上げられるような高波におそわれ船が転覆すようなこともあります。

波の高さ

＊有義波高《ゆうぎはこう》

波浪予報などで使われている波高(波の高さ)は、有義波高と呼ばれる波の高さです。これは、ある点を連続的に通過する波を観測したとき、波高を高い順に並べ直して全体の１／３までの波の高さを平均した値です。目視で観測される波高はほぼ有義波高に等しいと言われており、一般に波高と言う場合には有義波高を指しています。

同じような波の状態が続くとき、100波に１波は有義波高の1.5倍、1000波に１波は２倍近い巨大波が出現します。この巨大波のことを「一発大波《いっぱつおおなみ》」などとも言います。確率としては小さいのですが、台風によるしけが長引くほど巨大波が出現する危険性が増す（2倍の波は2時間に1波程度）ため、十分な注意が必要です。

なお、気象庁では波の高さを説明する際には、4mから6mの波を「しけ」、6mから9mの波を「大しけ」、さらにそれ以上の高い波を「猛烈なしけ」と呼んでいます。

高潮《たかしお》と潮汐《ちょうせき》

海面は月や太陽の引力によりほぼ1日に1～2回の割合で周期的に満潮と干潮を繰り返しています。そのため海面の高さ（潮位）を前もって計算（推算潮位）しておくことができます（潮位《ちょうい》表は気象庁のホームページにもあります）。

しかし、台風に伴う風が沖から海岸に向かって吹くと、海水は海岸に吹き寄せられて「吹き寄せ効果」と呼ばれる海岸付近の海面の上昇が起こります。この場合、吹き寄せによる海面上昇は風速の2乗に比例し、風速が2倍になれば海面上昇は4倍になります。特にV字形の湾の場合は奥ほど狭まる地形が海面上昇を助長させるように働き、湾の奥ではさらに海面が高くなります。

＊　合成波高《ごうせいはこう》

複数の波が混在するときの波高（合成波高）は、それぞれの波高の2乗の和の平方根により推定することができます。
例えば風浪とうねりが混在する場合には、風浪の波高をHw、うねりの波高をHsとすると、
合成波高Hcは

$$Hc = \sqrt{Hw^2 + Hs^2}$$

となります。これは波のエネルギーが波高の2乗に比例するからです。

また、台風が接近して気圧が低くなると海面が持ち上がります。これを「吸い上げ効果」といい、外洋では気圧が1hPa低いと海面は約1cm上昇します。例えばそれまで1000hPaだったところへ中心気圧が950hPaの台風が来れば、

台風の中心付近では海面は約50cm高くなり、そのまわりでも気圧に応じて海面は高くなります。

このようにして起こる海面の上昇を高潮と呼び、推算潮位《すいさんちょうい》との差を潮位偏《ちょういへん》差《さ》(実際の潮位＝推算潮位《すいさんちょうい》＋潮位偏差《ちょういへんさ》)と呼びます。

大潮《おおしお》(新月または満月の頃で、満潮時の推算潮位は最も高くなり、逆に干《かん》潮時《ちょうじ》の推算潮位は最も低くなる)の満潮時《まんちょうじ》に台風の接近による高潮が重なれば、それに伴って被害が起こる可能性も高くなりますので、特に注意が必要ですが、高潮の被害は満潮時以外にも発生しています。台風の接近が満潮時と重ならないからといって安心はできません。また、9月頃は1年を通じて最も平均潮位《ちょうい》が高くなる時期であることも台風に伴う高潮災害を考える上で見逃してはいけません。

なお、潮位は東京湾平均海面《とうきょうわんへいきんかいめん》を基準面として表します。この基準面は海抜《かいばつ》0mとも言い、山の高さなどを表す標高の基準にもなっています。

高潮と台風の進路

台風に吹き込む風は反時計回りで、ふつうは進行方向に対して右側で強くなっています

そのため、南に開いた湾の場合は台風が西側を北上した場合には南風が吹き続け高潮が起こります。さらに強風によって発生した高い波も沖から押し寄せますので、高潮に高波が加わって海面は一層高くなります。

実際、過去50年間に潮位偏差が1m以上となった高潮はほとんどが東京湾、伊勢湾、大阪湾、瀬戸内海、有明海の遠浅で南に開いた湾で発生しています。

台風の気圧や風の強さからどのくらいの潮位偏差となるかを予測することは可能です。推算潮位や満潮の時刻も計算されていますので、計算から求まる潮位偏差予測値と推算潮位を合算して被害が発生する可能性が判断できます。その結果は情報や高潮《たかしお》注意報、警報として発表します。また、実際の観

測値は気象庁ホームページの「潮位観測情報」でご覧いただけます。

平成7年台風第12号は関東地方に接近して、八丈島で932hPaと非常に低い中心気圧を観測し、各地で風速30m/sを超える猛烈な風が吹きましたが、首都圏直撃は免れ、関東地方では銚子で潮位偏差77cmを観測したにとどまりました。もし台風が関東地方を直撃していた場合、東京で2.1m、千葉市で3.3mという伊勢湾台風クラスの潮位偏差が発生していたというシミュレーション計算の結果もあります。海岸に近い所では高潮による浸水に備えて避難場所と避難経路をもう一度確認しておいてください。

電話奮闘記

馬の背を分けるような雨にクレーム

クレーム係を出せ！秩父の予報ははずれたぞ！

でも埼玉県の秩父地方の予報は、5時発表のものでも「曇りで夕方から雨」で、降水確率は50%になっています。

今俺のいるところは、見晴らしもよいとこで雨など降っていないぞ。

予報をはずしたんだロー。仕事にさしさわりがあるのをしらないのかー。

埼玉県の雨は、先ほどから広い範囲で降っていますし、そちらもまもなく雨が降ります。

（レーダーではそろそろ雨の頃）

トタンにぷつんと電話が切れた。

秩父付近のレーダー画像を確認すると、画面には赤の強い雨の表示。

確かに秩父には雨が広がっていた。

きっと、車の運転をしていながら携帯電話を使っていたんだろうか？

電波が途切れたのは、山の中だったんだろう。

そうだ、きっと雨が降ってきたんで体裁が悪くなって、あわてて電話を切ったのだろう。

津波と波浪《はろう》との違いは何ですか？

地震が起きると、震源《しんげん》付近では地面が持ち上がったり、下がったりします。震源が海底《かいてい》下《か》で浅い場合、海底が持ち上がったり下がったりすることになります。その結果、周辺の広い範囲にある海水全体が短時間に急激に持ち上がったり下がったりし、それにより発生した海面のもり上がりまたは沈みこみによる波が周りに広がっていきます。これが津波です。

津波は、通常の海の波のように表面だけがうねっている波と大きく異なり、海底から海面まで全てが移動する大変スピードのある、エネルギーの大きな波です。

津波の波長は数キロから数百キロメートルと非常に長く、これは海底から海面までのすべての海水が巨大な水の塊となって沿岸に押し寄せることを意味します。このため津波は勢いが衰えずに連続して押し寄せ、沿岸での津波の高さ以上の標高まで駆け上がります。しかも、浅い海岸付近に来ると波の高さが急激に高くなる特徴があります。また、津波が引く場合も強い力で長時間にわたり引き続けるため、破壊した家屋などの漂流物《ひょうりゅうぶつ》を一気に海中に引き込みます。

海域で吹いている風によって生じる波浪は海面付近の現象で、波長（波の山から山、または谷から谷の長さ）は数メートル～数百メートル程度です。一方津波は、地震などにより海底地形が変形することで周辺の広い範囲にある海水全体が短時間に持ち上がったり下がったりし、それにより発生した海面のもり上がりまたは沈みこみによる波が周囲に広がって行く現象です。

津波の高さが高くなってくると、それにつれて、海水の横方向（津波の進行方向）の動きも大きくなってきます。海水の横方向の動きが大きくなってくると、水深の浅いところでも立っていることが困難になってきます。海水中に立っているとき20～30cm程度でも水かさがあがれば体が浮き上がり同時に横方向に押されればどうなるか想像できると思います。横方向の海水の動き（流速）についての海水浴場の安全基準としては、0.2～0.3m／秒程度以下が適当と言われており、0.3～0.35m／秒程度で遊泳注意・部分禁止となることが多いようです。津波の高さが0.2mを超えると、流速が0.3m／秒を超える例が多くなることが幾つかの調査で知られています。このこともあって、津波の高さが0.2mを超えると予測される海岸には、津波注意報を発表することにしています。

津波注意報が発表されたら海から上がって速やかに堤防より陸側に移動してください。津波の高さが1mを超えると木造家屋等に被害が出始めます。津波の高さが1m程度を超えると予測される海岸には津波警報（津波）が、さらに3m程度を超えると予測される海岸には津波警報（大津波）が発表されます。このときには、大至急、安全な高台などに避難してください。

また、沿岸近くで発生した津波には津波警報・注意報の発表が間に合わないこともあります。海岸付近で、強い揺れを感じたら念のため津波の発生に用心してください。

津波の被害

家屋被害については、建築方法等によって異なりますが、木造家屋では浸水1m程度から部分破壊を起こし始め、2mで全面破壊に至りますが、浸水《しんすい》が50cm程度であっても、車が流されます。そのほか船舶《せんぱく》や木材などの漂流物の直撃によって被害が出る場合があります。

‘時《し》化《け》る’ってどういうことを言うのですか？

「時化」は当て字で、「しけ」と読み、風雨が強まり海上が荒れることを言います。予報用語の波浪表では、

しける　4mをこえ6mまで

大しけ　6mをこえ9mまで

猛烈にしける　9mをこえる　　と使い分けています。

また、「しける」と漁にでられず収入がなくなって、不景気になるという意味から、金回りが悪くなることを、「しけた」「しけている」というようになり、転じて「けちだ」の意になっています。

古くは空が曇ることをさして言った言葉でした。『日葡辞書』〔日本語 ポルトガル語辞書〕（慶長8年1603年刊）には、「天気が曇る」と書かれています。湿り気を帯びる意のシケル（湿《し》気《け》る。「湿気」を活用させた語）とことばのもとの意味は同じと考えられています。これを天候とも結びつけ、また人の状態もいうようになったものです。

富山湾で「寄《よ》り回《まわ》り波《なみ》」というものがあると聞いたのですが、いったいどんな波なのでしょうか?

富山湾の海底の地形は、湾奥《わんおう》に向かって渓谷《けいこく》のような谷筋があり、うねりとともに大きな波が届くと浅瀬《あさせ》に向かって急激に波高が高くなって、防波堤《ぼうはてい》を打ち崩すような高波となることが知られています。

また、富山湾は西に能登半島、東に3,000m級の北アルプスの山々という袋状の地形で、冬の北西《ほくせい》季《き》節風《せつふう》が強まるころは能登半島が自然の防波堤となりますが、北から北東方向の湾口《わんこう》が開いているところでは波が入りやすくなっています。

このため富山湾では、この高波による災害が昔からあり、「寄り回り」とか「波寄り回り高波」、「寄り回り波」などといわれて伝えられています。

低気圧が発達しながら通過した後、富山湾の風や波が静まり、漁やその準備を再開しようとする頃に、突如打ち寄せる高波なので、不意を突かれるために被害が大きく、歴史上多くの悲惨《ひさん》な記録が残されています。

この寄り回り波は、主に北海道西方海上の海域で発生した波浪《はろう》が、うねりとして富山湾に伝わってきた高波です。冬型気圧配置となって北海道あるいはその東方海上に非常に発達した低気圧があり、北海道西方海上で強い季節風が長時間続くと、この海域で高波が発生します。この高波がうねりとなって南々西へ向かうわけですが、日本海から富山湾の奥にまでのびる海域は1,000m以上の深い海域のため、うねりのエネルギーを減衰させることか少なく、その伝搬《でんぱ》に条件が整っているのです。

2008年2月23日から24日にかけて低気圧が急速に発達しながら北日本を通過したのち、24日早朝に富山湾の海岸線で高さ5mを超える高波が発生しました。

高波は、高さ3mの堤防を越えて住宅地に流入、70棟余りが床下浸水。家や倉庫のガラスや壁を破る被害がありました。また、射水市の新湊漁港沖合いで2人が漁船から転落し、1人が死亡しました。

このときの天気図を見ると北日本で低気圧が急速に発達し、西高東低《せいこうとうてい》の冬型気圧配置が非常に強まって、北日本の海上は猛烈にしけました。

寄り回り波が起きた日の地上天気図と波浪図（気象庁提供）

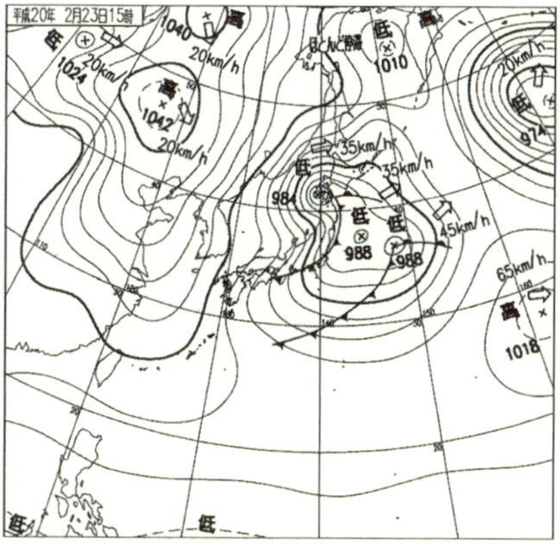

2008年2月23日15時

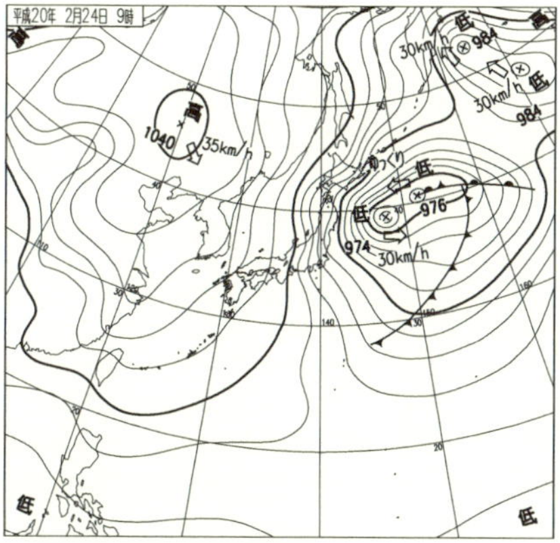

2008年2月24日09時

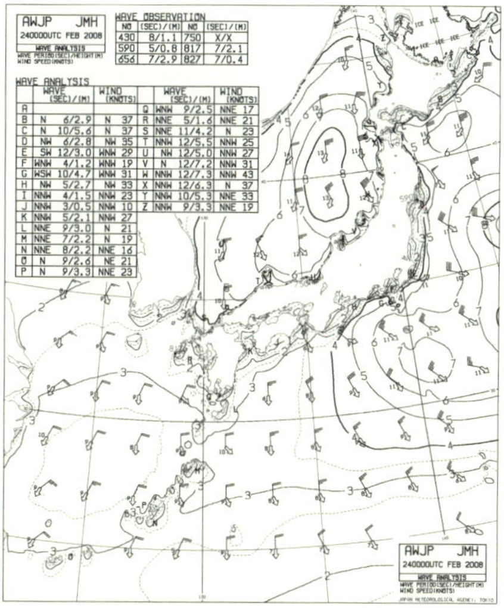

2008年2月24日09時

災害のでんわ

日本にやってくる台風は、どうして南からやってくるのですか?

台風は赤道付近の海上で多く発生します。

海面水温が高い熱帯の海上では上昇気流が発生しやすく、この気流によって次々と発生した積乱雲《せきらんうん》（日本では夏に多く見られ、入道雲《にゅうどうぐも》とも言います）が多数まとまってゆるやかな回転が始まります。この発生初期の積乱雲が集まった雲域をＣｂ《しーびー》クラスターと呼びます。

このＣｂクラスターの回転が明瞭となって渦の中心がわかるようになったものを熱帯低気圧《ねったいていきあつ》と呼びます。

東経《とうけい》100度から東経180度の間（国際的に日本が台風の発生などを監視する範囲）の赤道より北の熱帯の海上で、熱帯低気圧の中心付近の気圧が下がり、さらに発達し低気圧域内の最大風速（10分間平均）がおよそ17m/s（34ノット、風力8）以上になると台風になります。

つまり、台風とは熱帯低気圧の呼び名の一つで、中心付近の風の強さで呼び名が変わったものということになります。

台風は、自分自身の力で進むことはありません。台風は上空《じょうくう》の風に流されて移動するだけです。

ただ、地球の自転の影響で北半球では北へ向かう性質を持っています。そのため、通常東風が吹いている低緯度では台風は西へ流されながら、太平洋高気圧と呼ばれる大きな高気圧のまわりを流れる風の影響を受けて、次第に北上し、南の方から日本付近にやってきます。そして日本付近にやってくると上空には偏西風《へんせいふう》と呼ばれる強い風が西から東に向かって吹いているため、台風は速い速度で北東へ進みます。

台風が海上を進んでいく間、だんだん発達するのはどうしてですか？また、台風は、どうやって消えるのですか？

台風は暖かい海面（海面の温度が30℃前後）から供給された水蒸気が凝結して雲粒《うんりゅう》になるときに放出される熱（潜熱《せんねつ》といいます）をエネルギーとして発達します。しかし、移動する際に海面や地上との摩擦《まさつ》により絶えずエネルギーを失っており、仮にエネルギーの供給がなくなれば２～３日で消滅してしまいます。

このため台風が上陸した後はエネルギーの供給がなくなるので急速に衰弱します。また、緯度が30度を越えて日本付近に接近すると上空に寒気が流れ込むようになり、次第に温帯低気圧《おんたいていきあつ》に変わります。あるいは、熱エネルギーの供給が少なくなり衰えて熱帯低気圧《ねったいていきあつ》に変わることもあります。この場合は最大風速が17m/s未満になっただけで、強い雨が降ることがありますので注意が必要です。

それでも温帯低気圧、熱帯低気圧ともに最後は衰弱して雲が消え消滅します。

台風は、海面や地上との
まさつで元気がなくなって
いって、消えちゃうんだね！

海上で発生した台風の中心気圧《きあつ》や最大風《さいだいふう》速《そく》はどうやって観測しているのでしょうか？

（気象庁提供）

台風の最大風速は実測データがあればそれによって決定されますが、台風が観測点のすぐ近くを通過したとき以外には、実測値を得ることはできません。明治に始まる天気図の解析では、海上にあるときの台風は解析が難しかったのですが、数少ない船舶《せんぱく》の観測値や、陸地や離島の観測値をたよりに等圧線が描かれていました。

戦後になってから、台風観測は富士山頂のレーダーを含めた全国のレーダー観測や、米軍の飛行機観測《ひこうきかんそく》（1947～1987年）によって、より詳しい観測が行われていました。

飛行機観測では、上空から台風の中心にラジオゾンデを投下して、気温や湿度、気圧と風を観測し、台風の実際の観測データを測定していました。

しかし、台風の飛行機観測は暴風の中に直接飛び込んで観測するため、危険が伴うものでした。実際に尊い人命が失われたという秘話もあります。

気象衛星が世界で最初に打ち上げられたのは、1960年アメリカのタイロス（TIROS）1号です。1967年にはアメリカで静止気象衛星が打ち上げられ、1977年7月には日本のひまわり1号が打ち上げられました。

これらの静止気象衛星の雲画像を解析することができるようになってから、台風の強さを解析することが始まりました。

ドボラック（Dvorak）の作成した最初の方法は、CI数から最大風速（maximum wind）を推定していますが、日本ではCI数から中心気圧を推定する方法がとられています。これは1977年から1986年の10年間に得られた台風の飛行機観測による中心気圧の実測データと、気象衛星ひまわりの画像から算出されたCI数との関係をもとに作成されている図です。

現在は、ドボラック（Dvorak）（1984年）によって、気象衛星《きしょうえいせい》で得られた雲《くも》画《が》像《ぞう》からハリケーンの飛行機観測のデータから得られた中心気圧と最大風速の関係を使って、ハリケーンの強度を推定する手法、ドボラック法（Dvorak method）をもとに、世界中の熱帯低気圧の解析が各国の台風センターで行われています。ドボラック法では、衛星画像でみられる台風を取り巻く雲の特徴－台風を取り巻く円《えん》弧《こ》状《じょう》の雲列が台風中心に対して張る角度の大きさ、眼の直径、中心部を覆う厚い上層雲《じょうそううん》の塊（central dense overcast、CDO）の大きさなど－を定量化して、0.5から8.0の間を0.5刻みで変化するCI数（current intensity number）という指数を決定し、別途、経験的に求められているCI数と台風の強度を関係づける図表（次項参照）に従って強度を推定しています。

ドボラック法のCI数と台風の強さの関係図（気象庁提供）

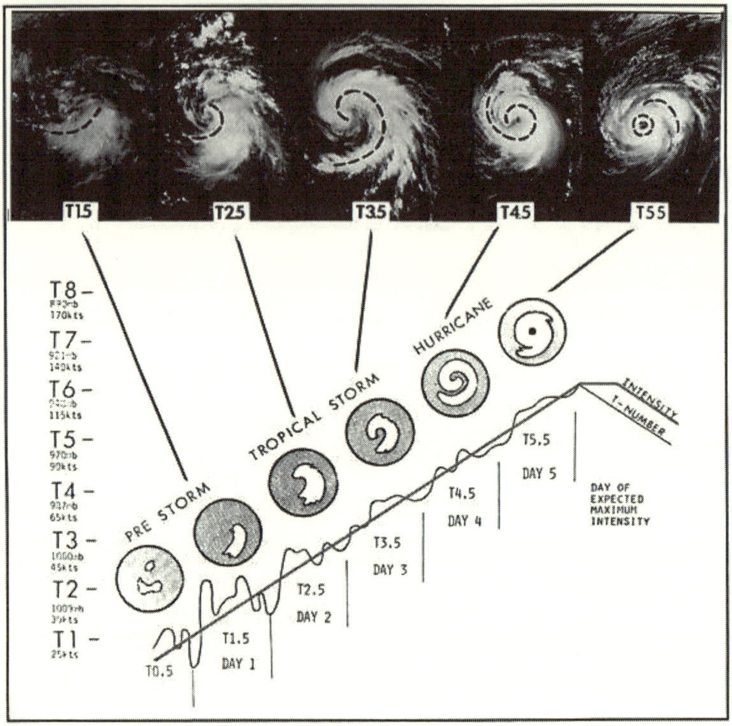

気象衛星と数値予報で行う台風周辺の風予測

気象衛星の画像を解析して台風の強さや中心の位置を決めることをしていることがわかりましたが、気象衛星は風の観測もしています。

台風があるときには通常は30分間隔で観測を行っている気象衛星ひまわりが、台風周辺のみを15分間隔で観測して、特徴のある上・下層雲を連続画像上で追跡し、衛星による風解析が行われています。これを「衛星風」と呼んでゾンデ観測と同様に風の実測値として国際的に交換しあって使われています。

さらに、マイクロ波を使ったレーダーによる気象衛星の風観測もされており、これらのデータと数値予報のデータを組み合わせて台風周辺の最大瞬間風速を図にして予想することもはじめられています。

なぜ台風は、「上陸《じょうりく》する」と表現するのですか?

台風の上陸とは、気象庁で決めた予報用語のひとつです。台風の中心が北海道・本州・四国・九州の海岸に達した場合を「上陸する」言います。このほか、台風の中心が、ある地点を中心とする半径300km以内の域内に入ることを「接近」といいます。

一般に台風が、その地域の地理的な境界線《きょうかいせん》(海岸線《かいがんせん》、県境《けんざかい》など)から半径300km以内の域内に入ることをさし、日本本土への接近と言う場合は、北海道・本州・四国・九州のいずれかに接近することを言います。ちなみに、島や幅の狭い半島に台風が到達して再び海上に出るときは、「通過」という表現が使われています。

「上陸」と言う用語を使うのは、米軍が台風の飛行機観測をしていた時代、台風やハリケーンに女性の名前をつけて擬人化(台風を人としてあらわし)していたことから、台風の眼が陸地に達したときland・fall(ランド・フォール=上陸)と言う言葉が使われていたからだと言われています。

台風は30年間(1981～2010年)の平均で年約26個発生し、昭和26(1951)年以降の台風の発生数の最多は39個、昭和42(1967)年、最少は14個、平成22(2010)年です。そのうち平均で約3個が日本に上陸しています。

また、上陸しなくても平均で約11個の台風が日本から300km以内に「接近」しています。上陸する台風だけが被害をもたらすのではありません。例えば、関東地方の南(房総半島沖)を通過する台風は上陸しなくても関東地方に暴風や大雨をもたらします。

台風は、春先は低緯度で発生し、西に進んでフィリピン方面に向かいますが、夏になると発生する緯度が高くなり、下図のように太平洋高気圧のまわりを廻って日本に向かって北上する台風が多くなります。8月は発生数では年間で一番多い月ですが、台風を流す上空の風がまだ弱いために台風は不安定な経路をとることが多く、9月以降になると南海上から放物線《ほうぶつせん》を描くように日本付近を通るようになります。このとき秋雨《あきさめ》前線の活動を活発にして大雨を降らせることがあります。室戸《むろと》台風、伊勢湾《いせわん》台風など過去に日本に大きな災害をもたらした台風の多くは9月にこの経路をとっています。

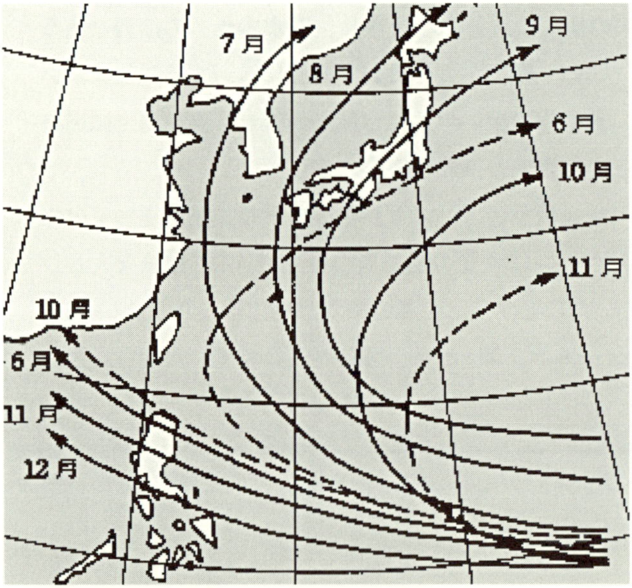

台風の月別の主な経路
（実線は主な経路、破線はそれに準ずる経路）
（気象庁ホームページより）

台風の進路予報

気象庁の台風の進路予想は12、24時間予報を3時間毎に発表しています。また、48、72、96、120時間予報を6時間毎に発表し、5日間予報が発表されています。

12、24、48及び72時間後の台風の中心位置と72時間以内に暴風域に入るおそれがある領域の予想を予報円（点線）と暴風警戒域（実線）で示したもの（実況の中心位置は×印）が描かれます。（下図左）

5日先までの台風の進路を示す際には、24、48、72、96及び120時間後の台風の中心位置の予想を予報円（点線）で示しています。（実況の中心位置は×印）。（下図右）

台風が日本に接近し、重大な災害が発生するおそれがある場合には、12、24、48及び72時間後の予想に加えて、3、6、9、15、18及び21時間後の予想を発表することがあります。

移動速度が小さい場合（20km/h（10ノット）未満）には、12時間後の予想は省略することができます。

温帯低気圧に変わっても暴風域を持つと予想される場合には、暴風警戒域を付けます。

72時間以内に台風が北西太平洋以外の領域に達する予想がある場合、あるいは予想進路及び過去の統計から4日先または5日先に台風ではなくなっている可能性が高い場合は、4日先または5日先の予報は出されません。

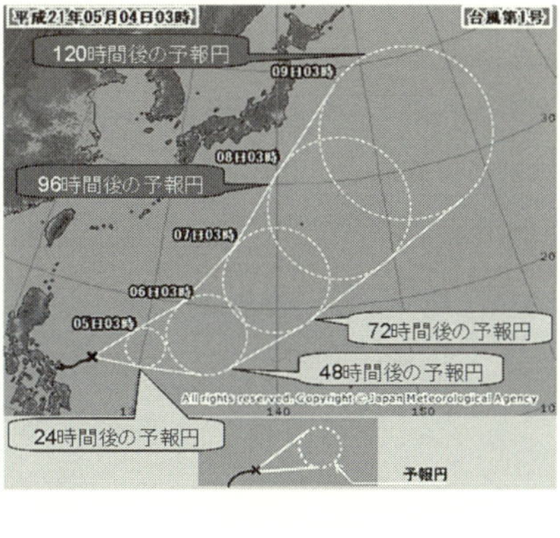

（気象庁ホームページより）

台風のなまえ

台風に英名が付けられたころのはなし

太平洋戦争中、太平洋の熱帯低気圧の監視と予報を担当した米軍の気象学者たちは、非公式に女性の名前を（彼らの恋人や妻にちなんで）熱帯低気圧に付けていました。戦後、1945年9月～1949年は、アメリカ空軍第54気象観測中隊が日本の横田に設立され、台風の飛行機観測がはじめられました。1950年～1959年の間は、グァムのアンダーソン基地に本拠を移し、台風の観測は米空軍が行っていました。1950年から1952年にかけて北大西洋の熱帯低気圧は無線用アルファベット（Able-Baker-Charlie-など）で識別されていましたが、1953年からは再び女性の名前に切り替えられ、北西太平洋にある熱帯低気圧の最大風速が34ノット（17.2m/s）以上になったと判断したとき、台風の名前として女性名がつけられました。1959年、海軍の第一早期警報飛行中隊と合同した（空軍・海軍）合同台風警報センターとなった後も米軍による台風観測は引き続いていましたが、1977年に気象衛星「ひまわり1号」が打ち上げられ、日本の台風解析の技術が飛躍的に改善されていくのに合わせ、飛行機観測は次第に減少し、1987年8月に米軍の飛行機観測は中止となりました。

この間に、台風名に女性の名をつけるということは、男女平等の原則に反するとの指摘から、1979年に世界気象機関と米国気象局は男性の名前を含めた92個の男女交互の名前のリストをつくり、男女名を交互に命名するようになりました。

日本では、1947年から1952年までは米軍の付けた台風名を使って、台風を表していましたが、1953年からは、「台風の発生」と認定した場合に、整理調査などの便宜のためということで番号で呼ぶようになりました。

毎年1月1日以後、最も早く発生した台風を第1号とし、以後台風の発生順に番号が付けられます。なお、一度発生した台風が衰えて「熱帯低《ねったいてい》気《き》圧《あつ》」になった後で再び発達して台風になった場合は同じ番号を付けます。

台風にアジア名が付けられたころのはなし

アジア各国が使っていた台風の名前は、米軍(空軍・海軍)合同台風警報センター(JTWC)が付けた英名(例ANN、BARTなど)を使用していましたが、2000年1月1日以降に発生する台風からは、北西太平洋域の政府間組織のひとつである台風委員会(ESCAP)が管理する名前を用いることになりました。名前は、台風に関係するアジアの国など(台風委員会メンバー)から提案された140個からなる名簿を循環的に使い、台風第1号にカンボジアで「象」を意味する「ダムレイ」の名前が付けられ、以後、発生順にあらかじめ用意された140個の名前を順番に用いて、その後再び「ダムレイ」に戻ります。

日本から登録した名前は、Tembin(テンビン)、Yagi(ヤギ)、Usagi(ウサギ)、Kajiki(カジキ)、Kammuri(カンムリ)、Kujira(クジラ)、Koppu(コップ)、Kompasu(コンパス)、Tokage(トカゲ)、Washi(ワシ)の10個の星座名でした。このアジア名を使うのは、国際的な情報交換のときに使われます。日本国内では今までどおり「台風第○○号」として表しています。

台風の語源

中国では、台風のように風向きがぐるぐる回るような強い風（つむじ風）を昔から＜颶風《ぐふう》＞と呼んでいました。このような風系をアラブの航海者たちはtufan（ターファン）（「u」と「a」の上に「－」がつく）と呼び、フランスやイギリスではそれぞれtyphon（タイフン）、typhoon（タイフーン）と呼んでいました。

日本にも古くから、台風を想像させる言葉がありました。それは台風に襲われるこわさを神への畏怖の念に変え、「スサブルカミ」や「タケルカミ」の意味を持つ「スサノオノミコト」、「タケルノミコト」という神として語られてきたことです。また、「天《あま》の井《い》」、すなわち台風の目に入るとき、「天《あま》の川《がわ》」がかいま見えた話などが残っていることから、古代のころから台風を怖れると同時に暴風の合間、台風の目に入ると雲がない空を見たということがわかります。

江戸時代には幕府の命により天文台（司天台）で測器を使った気象観測が始まっていましたが、そのとき気象の知識をわが国に届けたのは、長崎の出島で日本の最初の気象観測を行ったスウェーデン人ツンベルク（Thunberg）をはじめとする外国人たちでした。当然、台風の知識も入ってきたので、手紙のやり取りで紀伊半島から関東地方に抜けていった「野分《のわき》」と、各地で嵐となった日とを比べて調べたという記録もあります。

伊藤慎蔵《いとうしんぞう》（1826～1880年）は、24歳のとき大阪の緒方洪庵《こうあん》の適塾《てきじゅく》に入門し、西洋医学や科学の知識を学びました。そして、日本で最初の気象専門書となる『颶風新話《ぐふうしんわ》』（1857年刊行）を著しました。

『颶風新話』は、原著は英語でそのオランダ語訳から日本語に訳したもので、正兵衛、横八、梶助、五郎吉の４人の船乗りが対話する形式で、航海に必要なtyphoon（タイフーン）の和訳としての大風（たいふう）の知識を伝授していくという内容でした。おどろくべきことに、この本の中には北半球と南半球で台風の渦巻の方向が異なることも載っていました。江戸末期から明治の初めには、颶風《ぐふう》または大風（タイフーン）と字をあて呼んでいましたが、明治12年（1879）に荒五郁之助《あらごいくのすけ》が訳述した「地理論略《ちりろんりゃく》」（文部省印行）では、第３篇気象の部の風の章で、

熱帯ノ暴風ハ「ホリカーン（ハリケーン）」「タイフーン」「トオルネード」ノ数名アリテ亦回旋スル風ナリ之ヲ颶風ト云ウ。其起ルヤ期節アリ而シテ家屋ヲ破壊シ人命ヲ損スルニ至ル

と書かれており、「熱帯の暴風の総称は『颶風《ぐふう》』と呼ぶことにされました。明治23（1890）年に発行された横山彦次郎訳：気象学上下の下巻には「熱帯の暴風の総称には『颶風《ぐふう》』をあて、インド洋のものは、「サイクロン」シナ海のものは、「タイフーン」と地域によって異なる呼び名があると著しました。

その後、シナ海の「タイフーン」にあてる漢字は「大風（タイフウ）」が使われていましたが、岡田武松は、琉球の航海指針書前記「指南廣義」（1708）に記されていた福建省の用語でシナ海の暴風をさすことば「颱風《たいふう》」の文字を使い、明治41（1908）年の「気象学講話」初版第55節において、日本に来る三種の低気圧のうちの第一として「颱風《たいふう》」と漢字を示しました。岡田武松は、1905年に日本海海戦当時「天気晴朗ナルモ浪高カルベシ」と天気予報を出した人であり、フェーン現象に「風炎」の字を当てたことでも知られる日本屈指の気象学者でした。

岡田武松が示した「颱風《たいふう》」の表記が一般的に使われるようになるのには、その後も時間がかかりましたが、昭和３年（1928）の「気象学講話」第５版（通称「赤本」）に、

「颱風《たいふう》」は「颶風《ぐふう》」の一類であって、実に猛烈なる空気の渦巻である。通例烈しい暴風雨を起す。「颱風《たいふう》」は之を『タイフン』とも云う」（pl60）。と書かれ、その後は「颱風《たいふう》」ということばが広く用いられるようになったと言われます。以後、昭和21年（1946）の当用漢字の制定で、「颱風」は「台風」と書くことになり、現在に続いています。

地震と津波は どうしておきるのですか?

地震が発生するしくみを「プレートテクトニクス」と言います。

地球の表面は、プレートと呼ばれる10数枚の硬い板がジグソーパズルのように敷き詰められていて、ほとんど変形しないでそれぞれの方向にマントルの動きにより(熱による対流が原因)、年間数cm～10数cm程度の速度で平行に移動しながら、ぶつかりあったり潜り込んだりしています。そして、プレート同士の境界ではお互いに影響しあい、その結果、山脈、海溝《かいこう》、海底山脈の形成や、地震・火山活動を引き起こしています。

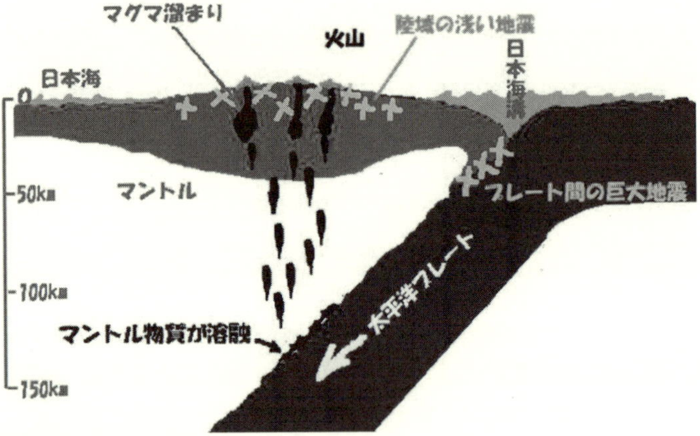

巨大地震のメカニズム
(気象庁ホームページより)

日本に関係するプレートは4枚あり、「太平洋プレート」はほぼ西向きに、「フィリピン海プレート」は北北西の向きに向かい、日本列島を乗せている「ユーラシアプレート」「北米プレート」の下に潜り込んでいます。

日本に関係するプレート（気象庁ホームページより）

2011年3月11日の巨大地震は、日本海溝《にほんかいこう》をさらに下へと潜り込む「太平洋プレート」によって、三陸沖の「北米プレート」が、広範囲に崩落したのが原因で起きました。長さ約500キロ、幅200キロの範囲が動くことで、マグニチュード9.0の巨大地震となったと考えられています。

海洋研究開発機構が深海調査研究船「かいれい」で調査した結果、この地震で宮城県沖の海底が広い範囲で南東方向へ50メートル移動、上方には平均して約7メートル移動したことがわかりました。巨大地震の起こした大規模な地殻の変動に合わせて、東日本の広い範囲に津波が届きました。

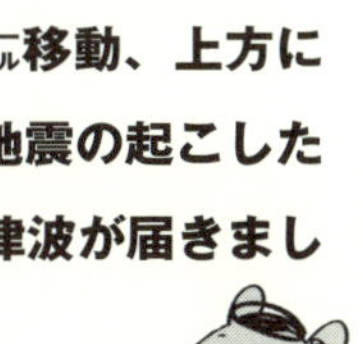

2011年3月11日　東日本大震災

ものすごく大きな揺れとなった地震が発生し、大津波が襲った東北地方から関東地方の太平洋側では、沢山の人が津波に流され死亡したり、家や道路や新幹線も大きな被害を受けました。余震が続くなか不安な毎日を暮らす人から、問い合わせの電話がやみません。

今回の地震はどうやって起きたのでしょう。

「平成23年(2011年)東北地方太平洋沖地震」と津波の被害

宮城県仙台市の海岸付近(国土地理院ホームページより)

地震もこわいですが、津波の破壊する力は、想像以上にこわいものです。

2011年3月11日14時46分頃に三陸沖を震源とするマグニチュード9.0の巨《きょ》大《だい》地《じ》震《しん》が発生しました。震源地は三陸沖の牡鹿半島の東南東130キロ。震源の深さは約10キロ。気象庁はこの地震を「平成23年(2011)東北地方太平洋沖地震」と命名しました。この地震により宮城県栗原市で震度7、宮城県、福島県、茨城県、栃木県で震度6強など広い範囲で強い揺れを観測しました。

また、この地震で11日14時49分に岩手、宮城、福島県などの海岸に大津波警報が発令されたほか、各地で津波警報・津波注意報が出ました。

地震の揺れで建物の天井が落ち、窓ガラスは割れて散乱し、道路には亀裂が走りました。地震の揺れが収まったかというころ、あまりの激しい揺れに建物から外に出た人たちのうしろから、津波だという声を聞く間にものすごい勢いで津波が押し寄せ、黒い水がおおあわてで逃げ出す人々に、あっという間に到達しました。

命からがら逃げた人は、津波の勢いは海岸から約2キロまでを数十秒しかかからずに進んだといいます。

このときの岩手、宮城、福島県などの津波到達時刻と津波の高さは、

岩手釜石付近	11日14時55分～15時10分	6m～10m以上
岩手宮古付近	11日14時55分～15時10分	6m～10m以上
岩手久慈付近	11日15時01分～15時16分	1m～2m
気仙沼広田湾付近	11日14時59分～15時14分	6m～10m以上
福島小名浜付近	11日14時57分～15時12分	1m～4m

この地震では、発生から6分から12分後に津波が到達しました。仙台新港に高さ10mの津波が到来したほか、福島県相馬市で同7.3m、岩手県釜石市で同4.1mの津波を確認しました。最大10m以上の津波により、沿岸の街は水没し、家や車が高波に跡形もなく流され死亡者・行方不明者の合計は1万9166人（2012年2月3日現在、警察庁調べ）となりました。東日本では余震が続くとともにさらに別の地域でもマグニチュード（M）5～6クラスの地震が相次いで発生し、被害は東日本一帯に広がりました。

「リアス式」の海岸で知られる三陸は、海岸線が入り組んでいるうえに、奥に深く、幅が狭まっています。このため津波が水深が深いところから浅いところに到達すると、波の速度は行き場を失った先端部分が遅くなり、後ろから来る波が追いつくことで、高さが急激に高くなります。

「稲むらの火」

2011年3月11日に600人超の児童生徒が亡くなったり、行方不明となりました。地震が起きたときは津波が来るということを昔から言い伝えとしてきた、お話があります。津波に対する正しい知識を小学生に覚えてもらうため、「稲むらの火」のはなしが昭和22年までの10年間、教科書に載っていました。

はなしの内容はこのようなものです。

「高台に住む庄屋の五兵衛は不気味な地震の後、急激な引き潮を目撃し、津波来襲を予想したが、これに気づかない海辺の村人に伝えに行くには時間的余裕がない。とっさの機転で決心した彼は、『もったいないがこれで村中の命が救えるのだ』と取り入れたばかりの稲むらに次々に火を放った。この火を目撃した村人達は、全員消火のために高台に駆け上がり、押し寄せた津波から危機一髪で救われました。」

この話は「1854年安政南海地震津波の際に、紀州広村《きしゅうひろむら》（現《げん》和《わ》歌《か》山《やま》県《けん》広川《ひろかわ》町《ちょう》）の七代目浜口《はまぐち》儀《ぎ》兵《へ》衛《い》（梧陵《ごりょう》）が稲むらに火を放って、暗夜に逃げ遅れた村人や海に流された人を避難誘導した」という実話をもとにラフカディオ・ハーン（小泉八雲）が明治時代に本に書いたことから有名となったはなしです。この中では津波が引き波ではじまる情景が描かれているので、「津波はひき波からはじまるので、ひき波を確かめてから逃げればよい」という命にもかかわる誤解をしてしまう人もいます。津波の第1波がおし波で来る場合もあることを、正しい知識として持つことが大事です。

この梧陵はさらに、長期津波対策と被災した村人に当面の職を与えるため、莫大な私財を投じて海岸に防潮堤を築きました。今も残るこの史跡「広《ひろ》村堤防《むらていぼう》」は、「天災は忘れた頃に来る」こと、ひとりひとりが津波から生き残るための防災意識を心に持ち続けていくことを後世に伝えるための「石碑」となっています。

現在の「稲むらの火」は、携帯電話、ラジオ、テレビ、防災無線等で伝えられる気象庁の大津波警報・津波警報・注意報がそれにあたります。

震災の後、学校における危機管理マニュアルが見直され、津波が予想されるときはまず、高台へ避難することが書かれています。津波のこわさを十分知って、防災機関がつくった災害予測地図（ハザードマップ）等を理解し、即座に適切な行動をとれるようにしなければいけません。

津波警報・注意報

種　類	解　　説		発表される津波の高さ
津波警報	大津波	高いところで3m程度以上の津波が予想されますので、厳重に警戒してください。	3m、4m、6m 8m、10m以上
	津　波	高いところで2m程度の津波が予想されますので、警戒してください。	1m、2m
津波注意報	高いところで0.5m程度の津波が予想されますので、注意してください。		0.5m

津波による災害の発生が予想される場合に、地震が発生してから約3分（一部の地震※については最速2分以内）を目標に津波警報（大津波、津波）または津波注意報を発表します。※日本近海で発生し、緊急地震速報の技術によって精度のよい震源位置やマグニチュードが迅速に求められる地震

最初の発表は迅速さを優先していますので、津波の到達時の高さの予想は、最新の情報を使うことが大事です。

下記は、平成23年3月11日14時49分に気象庁が発表した津波警報・注意報では、「高いところで3m程度以上の津波が予想されますので、厳重に警戒してください」となっていましたが、15時11分に発表された津波警報・注意報では、「高いところで10m程度以上の津波が予想されますので、厳重に警戒してください」となっています。

津波警報・注意報
　平成23年　3月11日14時49分　気象庁発表
＊＊＊＊＊＊＊＊＊＊＊＊＊＊　見出し　＊＊＊＊＊＊＊＊＊＊＊＊＊＊＊
　大津波・津波の津波警報を発表しました
　東北地方太平洋沿岸、北海道太平洋沿岸中部、茨城県、
　千葉県九十九里・外房、伊豆諸島
　これらの沿岸では、直ちに安全な場所へ避難してください
　なお、これ以外に津波注意報を発表している沿岸があります
＊＊＊＊＊＊＊＊＊＊＊＊＊＊　本文　＊＊＊＊＊＊＊＊＊＊＊＊＊＊＊
津波警報を発表した沿岸は次のとおりです
＜大津波＞
　＊岩手県、宮城県、福島県
＜津波＞
　　北海道太平洋沿岸中部、青森県太平洋沿岸、茨城県、
　　千葉県九十九里・外房、伊豆諸島
　　これらの沿岸では、直ちに安全な場所へ避難してください

「緊急《きんきゅう》地震《じしん》速報《そくほう》」の音が聞こえたらまずどう対処すればよいですか?

揺れのひどい間は、机の下などに隠れて身を守ること。火のもとを消し、ガス栓は閉める。揺れのあとで、テレビで情報を聞くことも大事です。大津波警報などがでたときは、3m以上の津波が予想されるので直ちに高台に避難しましょう。

2011年3月11日の東北地方太平洋沖地震では、地震発生後3分後には大津波警報が出ていたので、テレビで知ることができた人は、すぐさま高台に向かって避難をすることが命を救う一番の道でした。しかし、実際には死亡者・行方不明者の合計は1万9166人(2012年2月3日現在 警察庁調べ)…。

震度《しんど》5以上の大きな地震が発生したとき、海岸の近くにいる人はとりあえず高台に避難することが大事です。

今回の災害の主な場所は、昔からチリ津波などの災害にあった所で、十分な知識があったはずでしたが、最初の第1波が引き波0.3mではじまり、防潮堤が完備していたところでは、避難が遅れてしまった人が多かったようです。しかし、気仙沼広田湾では、第1波がおし波6.0mではじまり被害が早くから発生しました。

津波は、沖合では時速800km/hで進み、陸地に近づくと浅い地形になるほど高さが大きくなり、時速20～60 km/hで内陸に押し進みます。沖で6.8mの観測だった津波は、海岸を乗り越えるころには20mに達する津波となって、すべてを破壊する大きな力で家々を飲み込んでいった経験を生かしてこれからは、地震と津波は一体のものと覚えておくことが大事です。(津波が来るのを見物しようなどと思うのは大間違いです)

梅雨末期《つゆまっき》に集中豪雨《しゅうちゅうごうう》の被害が多いのはなぜでしょうか？

梅雨末期になるとどうして集中豪雨が起こるのでしょうか。その原因は、湿った空気の流入など、いくつかの気象条件が重なる時期となるのが理由です。

6月から7月にかけて、アジア大陸は高温となり、地面付近の空気が上昇するため気圧の低い場所となります。このため、相対的に気圧が高い南半球の中緯度から流れ出る空気の流れは赤道を越え、北半球に入ってからは南西の風となり、インド・モンスーンとなります。

梅雨末期になると太平洋高気圧の勢力が一段と強まり、その縁辺から暖かく湿った気流が梅雨前線の南側に流入することが多くなり、はじめにインド方面から入ってきた南西モンスーンの湿った空気と合流します。

また、このころになると熱帯低気圧（台風）の発生も次第に多くなり、そこから暖かく湿った空気の流れ「湿舌《しつぜつ》」が起こります。

このような時、梅雨前線帯の南側に沿って「下層ジェット」とよばれる強い西南西風（30～40ノット）が発生し、「湿舌」が活発となります。

さらにこのような場に上空に強い寒気を伴った気圧の谷が接近すると、大気の状態が不安定になるため、積乱雲の発生や

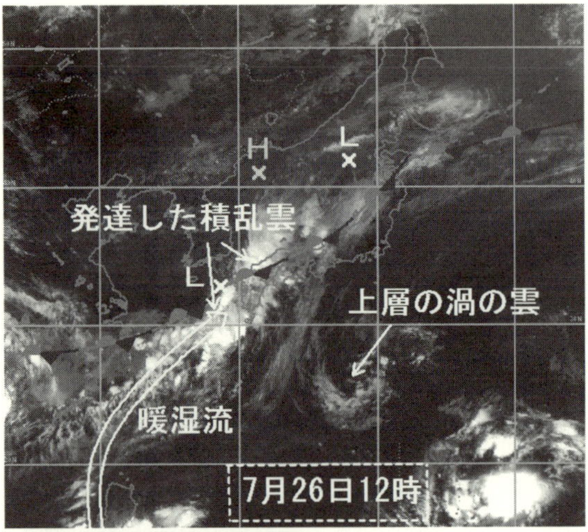

2009年7月26日衛星赤外画像
（気象庁提供）

発達が起こり、大雷雨や集中豪雨が発生します。

梅雨末期の集中豪雨は、数日間持続するので、大雨に対する防災情報に気をつけなければなりません。

2009年7月26日12時の気象衛星画像をみると、日本付近は梅雨末期の場となり、インド・モンスーンの影響で華南方面から梅雨前線と厚い雲域が広がっているとともに、赤道上の海域から暖かく湿った空気が入っています。さらに本州の南には上層の雲渦があり、東シナ海から西日本の梅雨前線が活発となって、白く輝く積乱雲の雲域が東シナ海や九州北部にかかり九州北部で大雨となり、7月19日～26日のアメダスの期間降水量は大分県日田市椿ヶ鼻で702.0mm、福岡県太宰府市で636.5mmとなりました。

期間降水量分布図（アメダス：7月19日～26日）
（気象庁提供）

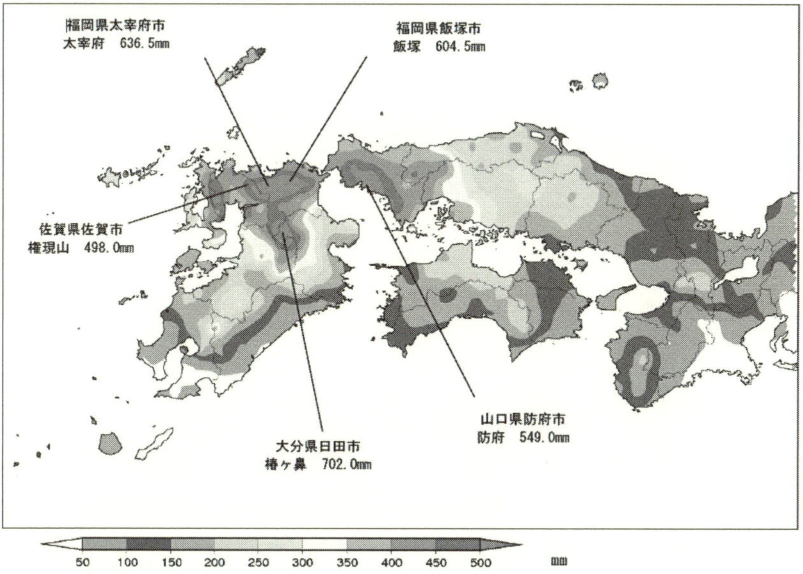

突然集中豪雨《しゅうちゅうごうう》に見舞われたら、どんなことに気をつければいいのですか？

「集中豪雨」は、狭い範囲に大量の雨の降る現象です。大量の雨とは数時間にわたり強く降り、100mmから数百mmの雨量をもたらす雨をさします。夕立の時のような激しい雨が、何時間も続くことが特徴です。

かみなりをもたらす積乱雲が同じ場所で次々と発生・発達を繰り返すことにより起き、重大な土砂災害《どしゃさいがい》や家屋浸水《かおくしんすい》等の災害を引き起こします。

「集中豪雨」が発生するためには、大雨を降らせている雨雲に、雨の源である多量の水蒸気が持続的に運び込まれる必要があります。

台風が日本に近づいてくるときに、日本付近に梅雨前線《ばいうぜんせん》や秋雨前線《あきさめぜんせん》などが停滞していると、台風が遠くにあるうちから強い雨が降り出すことがあります。このようなときには、雨が降る時間が長くなることが多く、さらに台風が通過するときに一層激しい雨が加わって大雨となり、大きな災害につながることがあります。

局地的な短時間の大雨

地球温暖化が問題となっている昨今、アメダスが観測した1時間降水量50mm、80mm以上の短時間強雨の発生回数は、過去30年の連続する11年の平均を比較すると1.3～1. 6倍に増加しています。「ゲリラ豪雨」と呼ばれるような急激に発達した積乱雲に伴う大雨により集中豪雨が発生し、これまでにもさまざまな痛ましい事故が起きています。

積乱雲（雷雲）によって急に強い雨が降り、降った雨が低い場所へ一気に流れ込むため、総雨量は少なくても十数分で甚大な被害が発生することがあります。

天気が晴れであっても、川辺や地下などでは上流で降った大雨による水が流れてくる可能性があります。そのような場所にいるときは、どのような事故や災害が発生するのか、被害をイメージできることが重要です。

2008年7月28日局地的大雨による増水
（兵庫県神戸市都賀川）
都賀川の増水前

12分後の増水時（気象庁ホームページより）

（よくある事故）

・川などでの釣りや水遊び・河原や川の中州でのキャンプ・バーベキューで川の急な増水で中州に取り残される。

・地下街や地下鉄の駅に雨水が流れ込んだとき、地下に取り残される。

・冠水したアンダーパス（地下をくぐる形式の立体交差）で車が動かなくなる。

・冠水して道路が見えないとき、マンホールや側溝に転落する。

・浸水で地下室に閉じこめられる。

・増水した河川や下水道の工事現場で流される。

テレビやラジオで放送される天気予報の解説で「急に雨が強まることがあります」「雨の降り方によっては水辺などで急に増水するおそれもあります」などのコメントがされたときには、急激な天気変化に伴う危険性があることを示しており、急に雨が降り出したり、降り出した雨が急に強まることがあります。

局地的な大雨による事故や災害から身を守るためには、事前に天気予報や警報・注意報の発表内容を確認いただくだけではなく、戸外でも可能な範囲で最新情報を収集したり、空が急に暗くなる、雷が鳴るなど、身のまわりの気象変化に注意して危険を感じたらすぐに身の安全を図ることが大事です。

チェックすべき事	こんな時は要注意
天気予報	「大気の状態が不安定」「雷」「天気の急変」 などの表現がある時
警報や注意報	雷注意報、大雨や洪水の警報・ 注意報が出ている時
レーダーなどの観測情報	周辺や上流で雨が降っている時 （携帯電話などで入手）
空の状態	「急に真っ黒な雲が近づいてきた」 「雷鳴が聞こえる」「稲光が見えた」時
川の状態	「水かさが増えてきた」「濁ってきた」 「流木や落ち葉が流れてきた」時
警報装置	サイレンの音が聞こえる時
看板	「危険区域には立ち入らない」 などの表現がある時

知識のでんわ

日本に四季があるのはどうしてですか?

丸い球体となっている地球の中で、日本は北緯30度付近から50度付近に位置しており、中緯度帯《ちゅういどたい》の「温帯地域《おんたいちいき》」といわれる地域にあります。

この付近の気温は、地球が太陽の周りを１年かけて１周する（公転する）間、地軸の傾きが原因で、太陽の角度が北と南に偏っていきます。

この結果、北半球では、単位面積当たりの日射量は夏の方が大きく、冬は小さくなるため、気温が夏は暑く、冬は寒くなるという周期的な変化が起きます。

このため、毎年同じ時期に似たような天候が巡りくることになり、春夏秋冬の４つの区分に季節が分けられています。

これに対し、赤道付近から低緯度の地域（インドやインドシナ半島など）では、「雨季」と「乾季」の２つの区分しかされません。

四季には、天文学上の季節として、春は春分《しゅんぶん》～夏至《げし》の前日、夏は夏至～秋分《しゅうぶん》の前日、秋は秋分～冬至《とうじ》の前日、冬は冬至～春分の前日がありますが、気象学上は、春は３月～５月、夏は６月～８月、秋は９月～11月、冬は12月～２月の３か月ずつの４つの分け方になっています。

旧暦では、24節季があり、春は立春《りっしゅん》～立夏《りっか》の前日、夏は立夏から立秋《りっしゅう》の前日、秋は立秋～立冬《りっとう》の前日、冬は立冬～立春の前日としています。旧暦では、それぞれの季節の最後の日を「節分《せつぶん》」としていましたが、現在は、立春の前の２月３日のみが、「節分」となっています。

日本の四季を象徴する典型的な天気図を教えて下さい。

春（1）　移《い》動《どう》性《せい》高《こう》気《き》圧《あつ》

移動性高気圧におおわれた2011年3月5日9時の地上天気図と衛《えい》星《せい》可《か》視《し》画《が》像《ぞう》。

北海道や東北地方は、まだ冬のため雲が多く秋田では曇り一時雪。

西～東日本は高気圧に覆われ晴れて日中は暖かさが戻った。

西日本の朝は前日以上の冷え込みとなり、大分県竹田市の最低気温は平年より8.4℃低い－7.2℃。

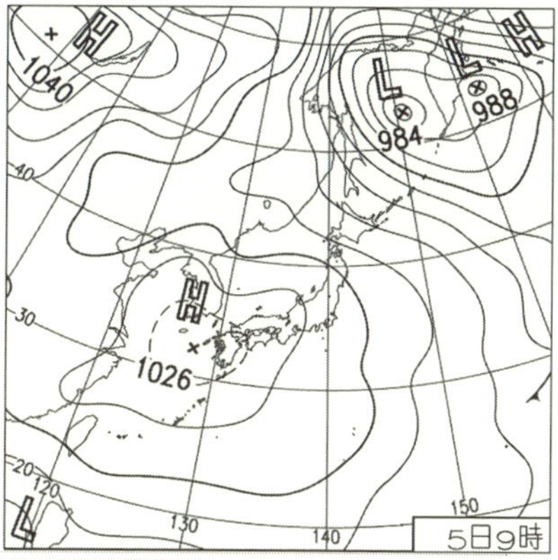

（気象庁提供）

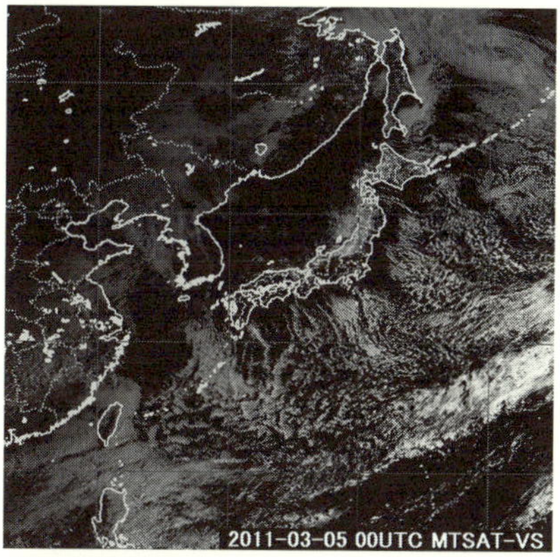

（気象庁提供）

春（2） 南岸低《なんがんてい》気《き》圧《あつ》

移動性高気圧が東に進み、本州の南海上を南岸低気圧と呼ばれる低気圧が東北東進。

全国的に雨となった2011年3月7日9時の地上天気図と衛星可視画像。

本州には低気圧に伴う「バルジ」という北側に膨らみを見せる雲が特徴的な雲パターンを示している。低気圧の温暖前線と寒冷前線に伴う日本の東海上から台湾付近にのびる雲の帯はおもに雨を降らす雲だ。

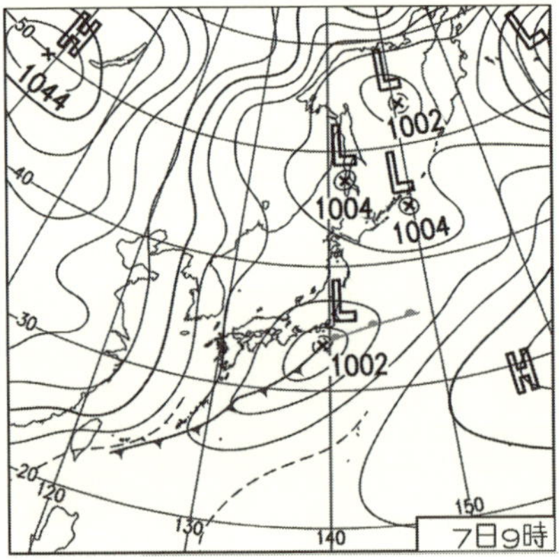

（気象庁提供）

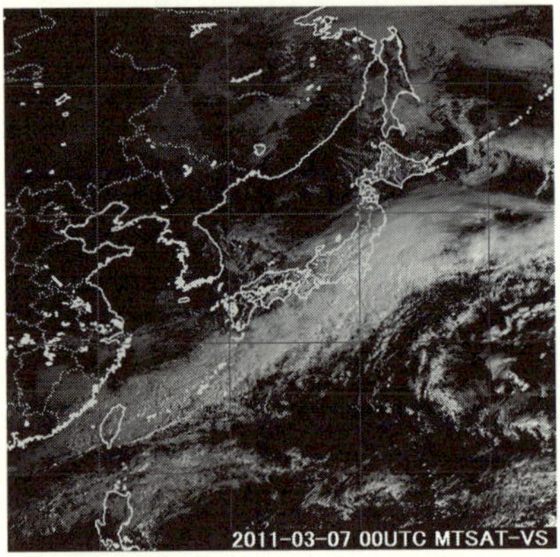

（気象庁提供）

夏（1）　梅《ばい》雨《う》前線《ぜんせん》

梅雨前線が停滞し、西日本は梅雨末期の大雨となった2010年7月14日9時の地上天気図と衛星可視画像。

中国大陸の華中方面から日本の東海上に1,000kmに及ぶ梅雨前線の雲の帯がかかっている。この梅雨前線上の日本海には低気圧があり、梅雨前線の活動が活発になって、九州北部を中心に西日本各地で積乱雲が次々と発生して激しい雨を降らせた。佐賀市北山で80mm/1hの非常に激しい雨を記録。福岡県小倉南区頂吉で日雨量232.5mmとなった。

一方、太平洋高気圧は勢力を強め、梅雨前線の雲の帯の南側では、夏空が広がり晴れとなっている。この年の関東の梅雨明けは、7月17日（この日の3日後）。フィリピンの東海上に白く見えている雲の塊は、熱帯低気圧のたまごだ。

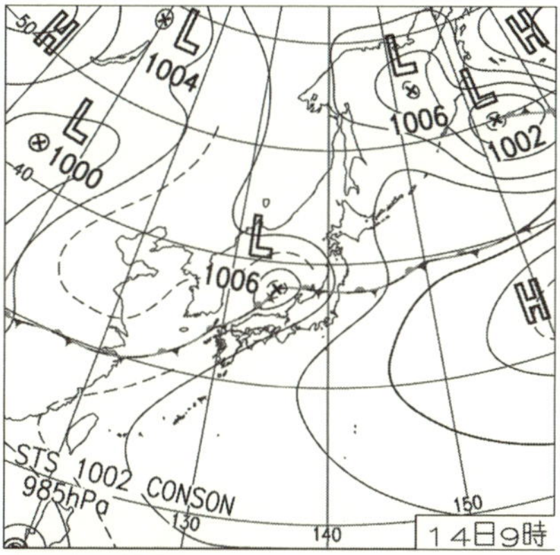

（気象庁提供）

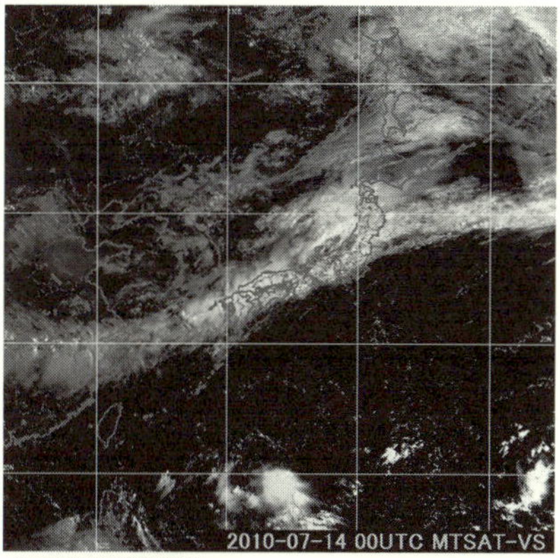

（気象庁提供）

夏(2)　台風

7月25日15時にマリアナ諸島近海で台風第9号が発生し、2011年8月5日9時には大型で非常に強い勢力を保ちながら沖縄付近を通過した。そのときの地上天気図と衛星可視画像。

台風第9号は、22時頃に久米島付近を通過。「台風の眼」に入った久米島では、風向が反時計回りに変化し風速が一時的に弱まり、雨も止んで最低気圧954.6hPaを観測。

沖縄や九州では、大雨となった。

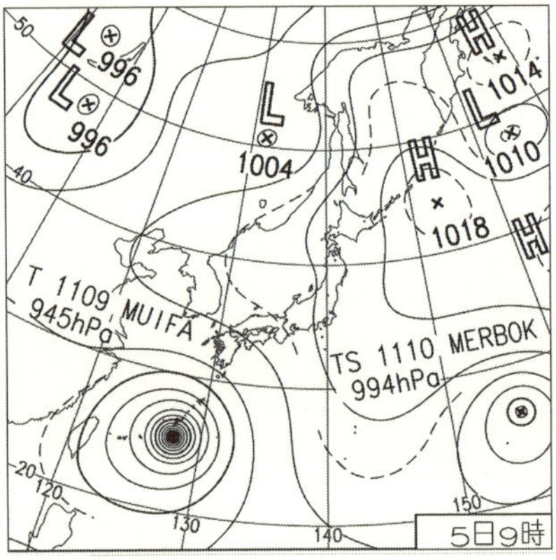

（気象庁提供）

（気象庁提供）

秋　移動性高気圧《いどうせいこうきあつ》

移動性高気圧に覆われ全国的におだやかな晴れとなった2010年11月6日9時の地上天気図と6日12時の衛星可視画像と拡大した画像。

帯状の高気圧に覆われて西～東日本は晴れ。放射冷却により明け方は冷え込み衛星画像では白丸の地域に霧が発生した。高気圧の縁辺にあたる南西諸島や気圧の谷が通過した東北や北海道の一部で曇りや雨。

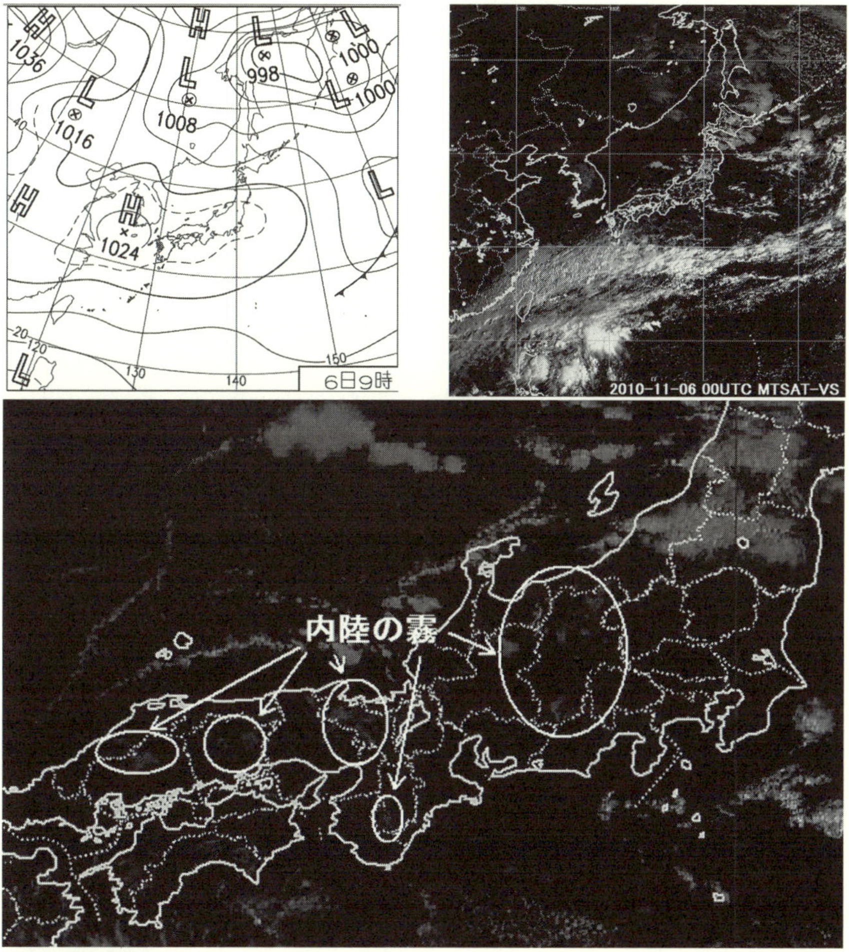

（気象庁提供）

冬　西高東低《せいこうとうてい》の冬型気圧配置

冬型の気圧配置となった2008年1月25日（金）9時の地上天気図と25日12時の衛星可視画像2枚。

低気圧は、北海道の東海上で台風並みに発達。日本付近には、大陸から強い寒気が北西からの季節風となって流れ込んだ。冬型の気圧配置が強まり、日本海側を中心に雪や雨。

北日本や北陸地方では暴風雪警報が出され道路は大混乱。長野県諏訪市では最低気温－13.2℃を記録。諏訪湖がひさしぶりに全面結氷した。

寒気の強さは、衛星画像でも見られ雪を降らせる筋状雲は日本海を埋め尽くしたほか、太平洋側にも流れだして広い範囲に対流雲が広がった。

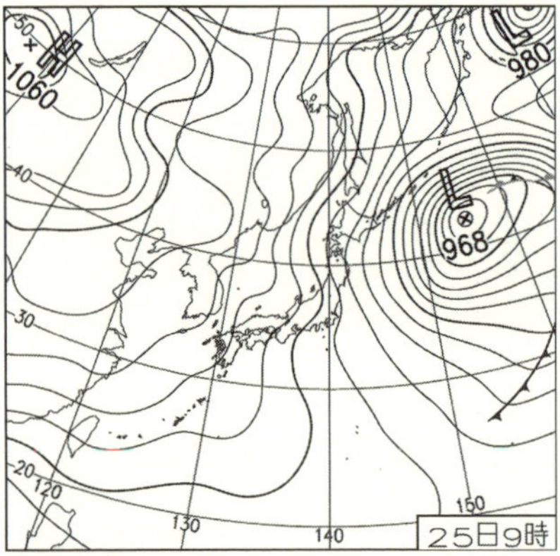

（気象庁提供）

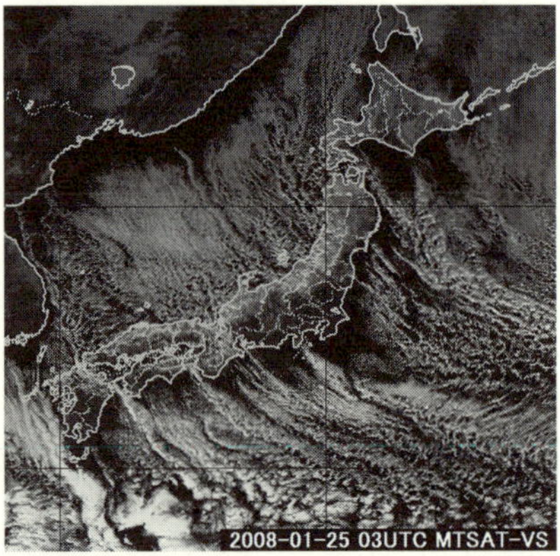

（気象庁提供）

高気圧に覆われると晴れる？

高気圧のあるところを気象衛星画像の動画で見たとき、高気圧からは気圧の低い方へ空気が出ていくため、北半球では時計回りに風の流れが吹きだすのが見えます。高気圧のまわりでは外側ほど風が強く吹きだし、中心付近は空気が薄くなるため、上空からの下降流ができます。

高気圧内では上空からの下《か》降流《こうりゅう》で空気が圧縮されると気温が上がって、空気が乾いていきます。このため高気圧の中心では、全般に風が弱く、雲が消えていきます。

圧縮された空気の温度が上がるのは、自転車の空気入れを使ったとき、手でさわるとポンプが熱くなっているのがわかるのと同じ現象です。また、下降流は低気圧の後面、すなわち高気圧の前面にあるため、雲が消えて晴れとなるのは高気圧の前面と中心付近と言うことになります。

写真は2011年8月9日9時のひまわり7号の可視画像（気象庁提供）

下図は、同時刻の地上天気図（気象庁ホームページより）

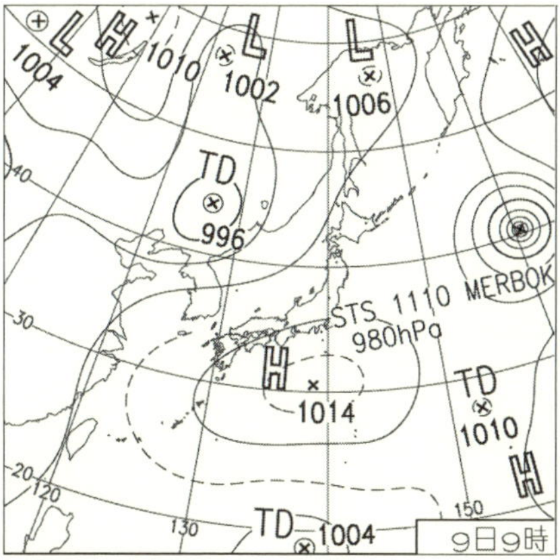

（気象庁提供）

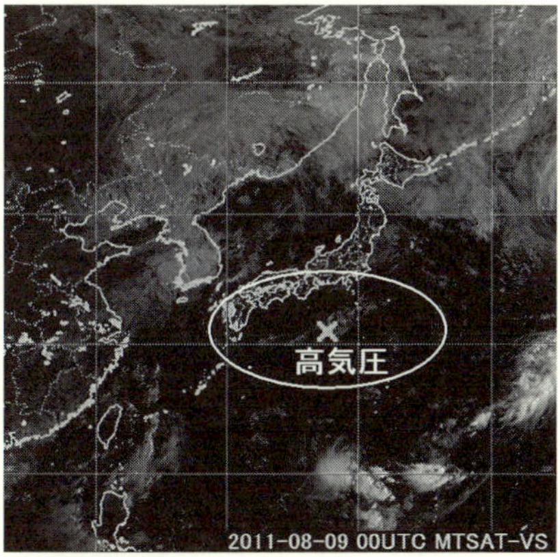

（気象庁提供）

気《き》象《しょう》衛《えい》星《せい》ひまわりは、なにを見ているの？

気象衛星ひまわりは、東経145度、赤道の真上約35,800kmの宇宙からずっと同じ方向を向いて日本の周りの雲の動き、雲や海面の温度を観測している宇宙の気象台なんだ。

みんなが気象衛星ひまわりの撮った画像を見るのは、おもにテレビの天気予報で、雲の動画を見ることが多いよね。

前日からの1時間おきの画像が連続で映されると、白く見える雲域が移動していく様子がわかります。でもこれっていったい何を見ているか知っていますか？

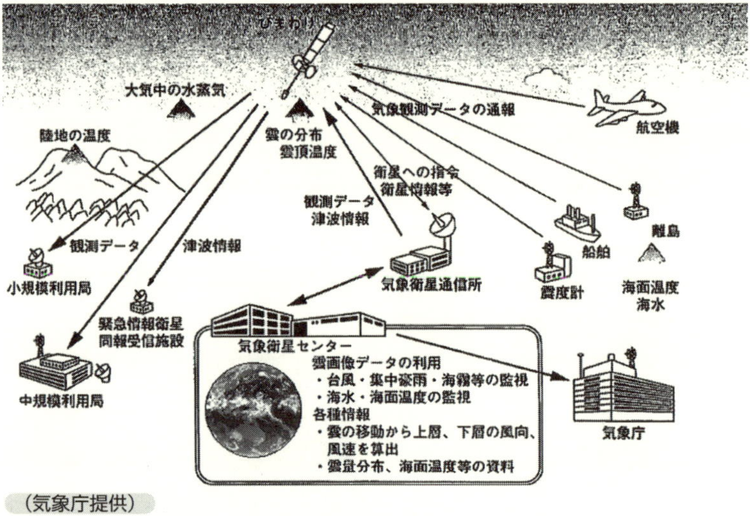

（気象庁提供）

実は、気象衛星ひまわりの撮った画像というのは、太陽の光を反射した地球の上からのエネルギー放射を観測したものなんだ（電《でん》磁《じ》波《は》の波長というもので種類が分けられています）。ひまわり6・7号は、イメージャと呼ばれるカメラを使って、可視画像や4種類の赤外画像を1時間に2回24時間観測し続けているんだ。

MTSATシリーズの気象観測用カメラ
イメージャ(Imager)

ひまわりが静止しているわけ

地球は1日に1回転する自転をしていますが、静止《せいし》気象衛星《きしょうえいせい》と呼ばれるひまわりは、地球を1周するのに24時間かかり、宇宙にある地球の外の「天井」に張り付いたように地球の自転と一緒に動いているため、地球上から見たとき常に同じ位置にいて地球を観測していることになります。

これを静止軌道といい、この静止軌道の上にある衛星を静止衛星といいます。

じっさいには静止衛星とはいっても静止しているわけではなく、地球の自転に合わせて宇宙を飛んでいるのが答えです。

そのほか、高度800km～1000kmを飛んで地球をぐるぐる回る衛星を軌《き》道衛星《どうえいせい》と呼び、北極と南極を通る軌道にある衛星を極《きょく》軌《き》道衛星《どうえいせい》といいます。

静止気象衛星のネットワーク地球監視網

地球を見守る世界の静止気象衛星、GOES(米国)・METOSAT(欧州)・FY-2(中国)・INSAT(Kalpana：インド)等や、極軌道衛星、NOAA(米国)・MetOp(欧州)・METEOR(ロシア)・FY-1(中国)等があり、世界気象機関(WMO)により地球をとりまく静止気象衛星のネットワーク地《ち》球《きゅう》監《かん》視《し》網《もう》がつくられています。

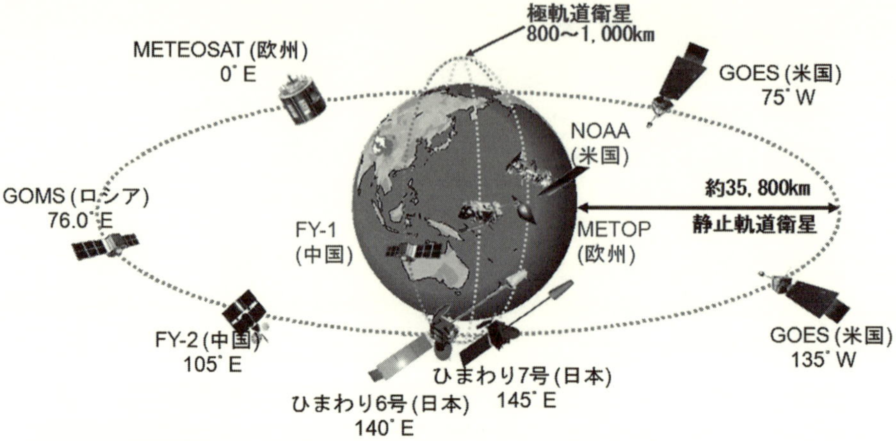

世界気象衛星観測網

世界におけるひまわりの役割

ひまわりで撮影した雲画像は日本国内だけでなく、東アジア・太平洋地域の多くの国に提供しています。

例えば、南半球にあるオーストラリアでは、「ひまわり」から直接届いた観測データをさらにニュージーランド、フィジー、トンガなどの国にインターネットで届けています。

ひまわりの画像から、台風の発生、発達、消滅の様子がわかるのは、知っているよね。そのほかにも低気圧の(発生、移動、発達…)ことも、分かるんだよ！

ひまわりは、現在7号が運用衛星（東経145度)、6号が待機衛星（東経140度)となっています。

5分間隔でせまい範囲を撮影するラピッドスキャン観測という方法が開発されて、ひまわり8号・9号になると積乱雲の発達の様子がわかりやすくなるので局地的集中豪雨の監視も出来るようになるといわれてるんだ。

人の目と同じ可視画像

ひまわり6・7号の可視画像は、いわば人間の「目」で宇宙から見た地球の画像で、地表面や雲が反射する太陽光線の反射光の強いところを「白く」見えるようにしています。色がないところだけが人間の「目」と違う所となっています。

宇宙のはるか遠い所から写した画像なので、一つの「白い点」が1kmほどの大きさを持つ(関西空港が見分けられる程度の)、雲の塊や地形が見えています。したがってそれより細かな雲の形を衛星画像で見分けることはできません。

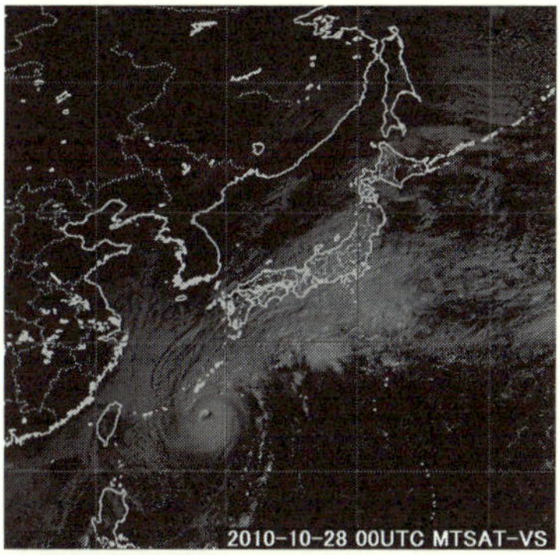

(気象庁提供)

可視画像がカラーで見えるようにならないの

次に打ち上げられるひまわり8・9号では、センサーが増えて、可視画像はカラーとなりより詳しく見えるようになる予定です。

可視画像は下層雲《かそううん》の移動や霧域の判別などがよくわかりますが、太陽光線の当たる「昼間」の領域しか観測できません。このため、テレビなどで24時間の動画が見られるのは、可視画像ではなく赤外画像が使われています。

赤外画像は夜も観測できる

赤外画像は、地面や海面・雲などが出す赤外線を観測した画像です。赤外線を観測することで赤外線を出した物体の「温度」を知ることができます。これらの「温度」を観測して、温度の冷たいものを「白く」、温度の暖かいものを「黒く」表しています。白さと黒さの諧調《かいちょう》から上・中・下層雲の区別をしており、これを見分けて判別する技術を持てば、発生場所や移動方向・速度などがわかります。

テレビの動画で白く見えているのは

温度は地上付近より上空の高い雲ほど冷たいので、高い所にあって氷でできている巻雲、巻積雲、巻層雲などは白く見えます。特に入道雲と呼ばれる積乱雲などは対流圏の頂上にまで達するため、明瞭な明るく白い雲として見ることができます。

テレビの画像で白くはっきり見えているのは、これらの高い所にある氷でできた雲ということになります。上層の空気の流れは、速いので変化していく雲の形が大きく変わる様子が見えます。

（気象庁提供）

霧や低い雲の見分け方

地面や海面付近にある霧や層雲と呼ばれる低い雲は温度が高い所にあるため、ひまわりの赤外画像では黒く映り、地面や海面と暗さが変わらずあまりよく見えません。

でも、可視画像では表面がなめらかな白い雲として映り、特に海岸線や地形に沿った形を見せ動きも緩やかなので、可視画像で白く見え、赤外画像では黒く見えることを利用して、昼間であればその存在する場所を知ることが容易にできます。

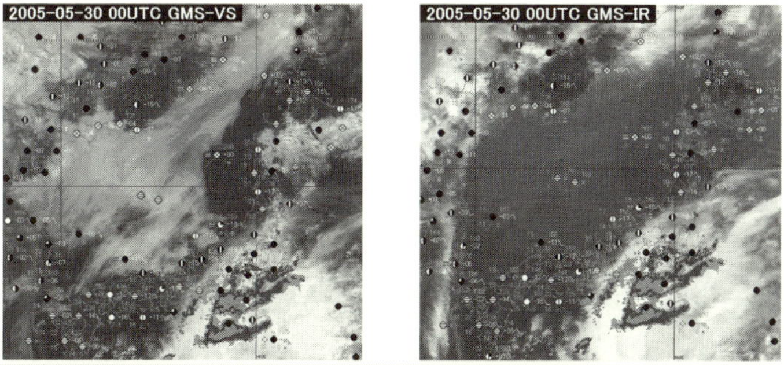

可視画像（左）と赤外画像（右）　日本海の霧が可視画像では明瞭で赤外画像では暗くなっています。（気象庁提供）

ひまわりで見える黄砂や火山の噴煙

　このほか「ひまわり」の観測した赤外１画像と赤外２画像の観測《かんそく》波《は》長帯《ちょうたい》はごくわずかですが赤外２画像の観測波長帯では水蒸気による吸収の影響があり、赤外１画像の観測でえられたデータと赤外２画像のそれの差を取ると、薄い上層雲《じょうそううん》と厚い上層雲、晴天域における下層の湿潤《しつじゅん》の状態（晴天域の下層が乾いているか、湿っているか）を区別することができます。また、赤外１画像と赤外２画像は、薄い上層雲（氷雲）や石英（ガラスの粒子）などでわずかながら観測値が異なるため、石英を多く含む火山灰や黄砂等が大量に大気中に飛散している場合は、衛星画像でこれらを見てわかるようになります。

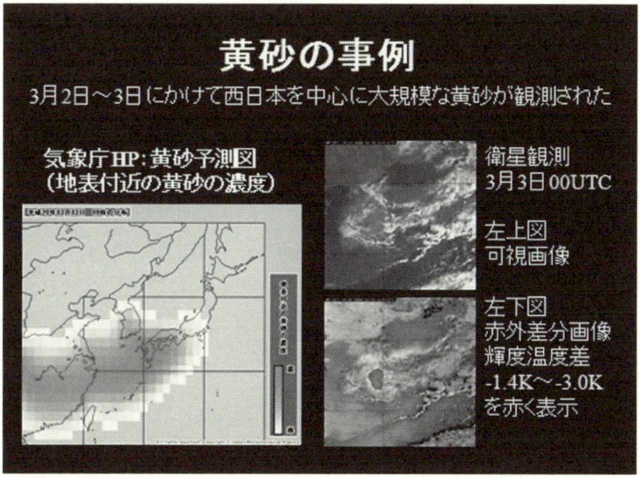

（気象庁ホームページより）

水蒸気画像でわかるもの

赤外3画像（IR3　6.5～7.0um）は水蒸気画像とも呼び、大気中の水蒸気による吸収を最も受けやすい波長帯を観測しているので、「水蒸気」の動きを直接見ることができます。

おみそ汁のお椀の中の豆腐などの具が、上からは見えないものでも、かき混ぜて動かすと見つけられるように、下降して乾いた空気が暖かくなるところは暗く、上昇して冷たい所に移動していく湿った空気は白く見えます。このため地上付近の様子はわかりませんが、地上から5km～6km程度の高さの大気の様子がわかり、高層観測点が非常に少ない洋上の上層～中層の風向風速や、上昇流や下降流が見分けられます。

とくにジェット気流と呼ばれる成層圏近くの最も速い流れは、水蒸気画像で見える黒い所（暗域《あんいき》）と白い所（明域《めいいき》）の境に現れるので、低気圧の発達に関係する大気の流れがわかることにもなります。

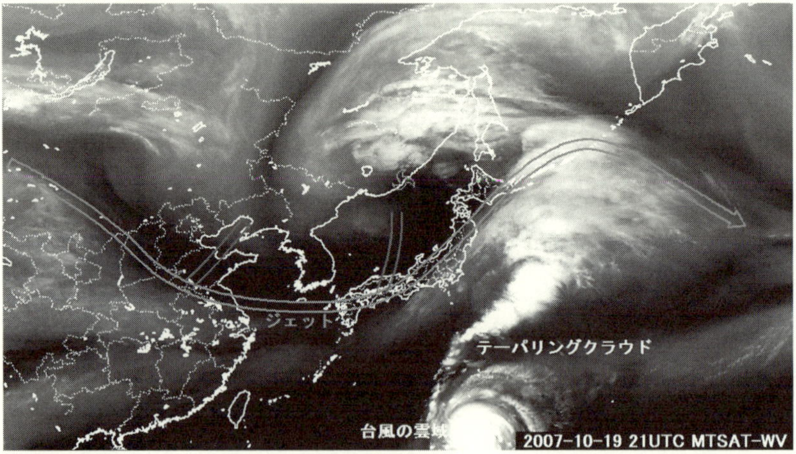

（気象庁提供）

黒い所は暗域といい、乾燥した空気の場所です。白い所は水蒸気がある所で、積乱雲がある所は台風の雲域や、テーパリングクラウド（にんじん雲とも呼ばれる積乱雲の塊で風上側で筆の先のように細く、風下側で幅が広がった雲のパターンを示します。）などの雲域を含めて明域と呼びます。

赤外画像と可視画像の中間の見え方をする画像

赤外４画像は、日射のない夜間は赤外１画像と同じ雲から出される赤外線を、昼間はそれに加えて雲が反射する太陽光線の反射光の強さをとらえて画像化されています。その観測波長帯から3.8ミクロン（μm）画像とも呼びます。昼間の画像と夜間の画像では、大きな違いがあるのが特徴で、雲の組成が「水」か「氷」かによって見え方が変わるため、太陽光の反射する昼間の画像では、雪や海氷、氷でできている巻雲は、可視画像で見る白さと諧調の区別がつくので判別しやすくなります。日中は可視画像により霧は「白く」見えるため見分けることが容易ですが、可視画像が利用できない夜間は、赤外１画像や赤外２画像だけでは霧の判別が難しく、3.8μm画像が霧の判別に最も有効な画像となります。

2006年9月23日13時　3.8μm画像（ひまわり６号）（気象庁提供）

夜間の霧が見える

ひまわり６号で新たに加わった赤外4(3.8μm)の波長帯は、赤外画像では捉えにくい霧の場合も、灰色の下層雲域として確認できます。

さらに赤外１画像 との差分（赤外1(11μm)の輝度温度から赤外4(3.8μm)の輝度温度を差し引き、濃淡により画像化したもの）を見ることで、赤外

4(3.8μm)画像はより分かりやすくなる。夜間帯におけるStまたは霧は白く、雲頂表面が滑らかな雲域として表現されます。特に高気圧に覆われて快晴となっている夜間に、低地や盆地に発生する放射霧は、3.8μm差分画像によりあざやかに見分けることができます。

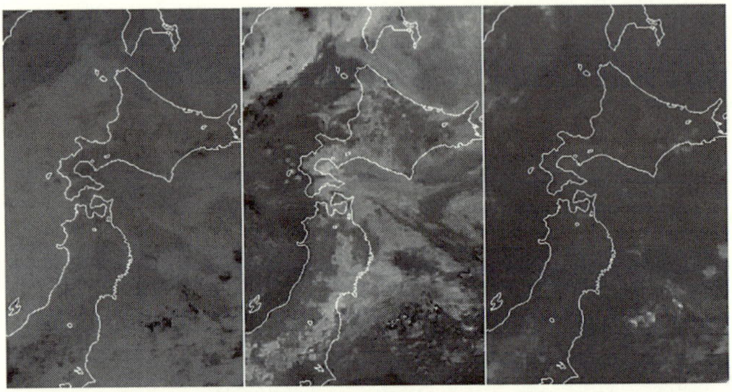

3.8μm　　IR1－3.8μm　　IR1　（気象庁提供）

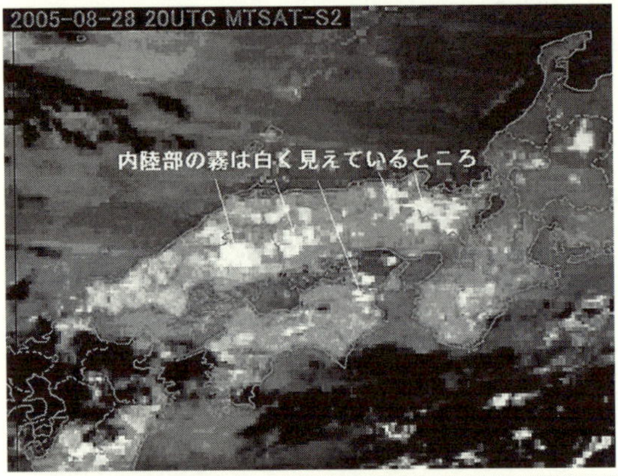

内陸の低地や盆地に発生した放射霧（白く見えているところ）
2005年8月29日05時3.8μm差分画像
（気象庁提供）

天気予報はどうやって作っているのか教えてください。

「晴れ」や「雨」といった天気は、地球をとりまく大気の状態の変化を言い表す言葉です。言い換えてみれば、天気予報とはこの大気の流れを、さまざまな観測データをもとに予想することにほかなりません。

そのためにはどんな現象がいつから、どこで起きているのか、現在の状況やこれまでの天気の経過をきちんと把握しておくことが重要です。

大気の状態は気象台や測候所、特別地域気象観測所、アメダスなどの地上観測に加え、船舶の観測や気象衛星の観測、飛行機の気象観測、高層気象観測、気象レーダー観測などたくさんのデータが観測されており（図1）、それらの結果は世界中に配信、交換して利用されています。

一方、将来の大気の状態を予測するには、スーパーコンピューターによる数値予報が利用されています。このデータを大型のコンピュータに集めて、現実の大気に近い条件を与えた「大気モデル」を動かし、現在の大気の状態を計算した初期値時刻から１時間ごとの予想時刻を計算し、それを繰り返していくやり方で、明日、明後日、１週間後などの予想を計算・予測します。（図2）

数値予報モデルの結果は、数値予報天気図や格子点値として出力され、民間気象会社や報道機関に提供されています。

気象庁では気象台の予報官がこれまでの天気の経過と数値予報の結果を利用して、それぞれの都道府県ごとに１日に３回、天気予報（5時、11時、17時）を、１日に２回週間予報（11時、17時）を出しています。と同時に民間気象会社では、それぞれ独自の天気予報を出しています。

技術の進歩によって数値予報の精度は向上しましたが、それでも数値予報では十分に予測できない現象など、現実の大気の流れと異なるところがあります。このため、最終的には予報官が詳細な天気の変化などを解析し、気象の地域的な特性などをチェックしつつ、予報を作成しています。

さらに、こうした日々の天気予報に加えて、災害をもたらすような現象が予想されるときには、災害の防止や被害の軽減に役立つよう警報や注意報など、防災に関する気象情報が発表されます。

図1　気象庁に集信される観測データ

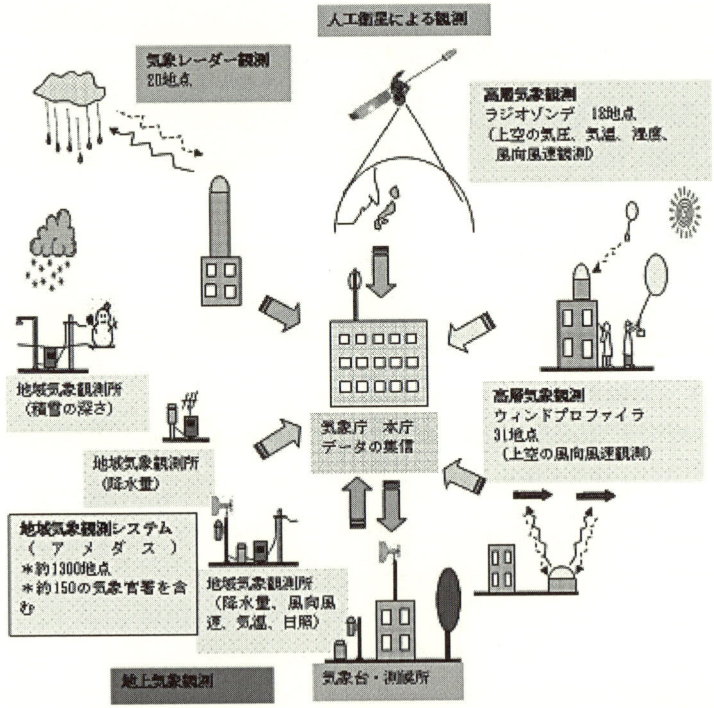

(気象庁提供)

図2　数値予報のしくみ

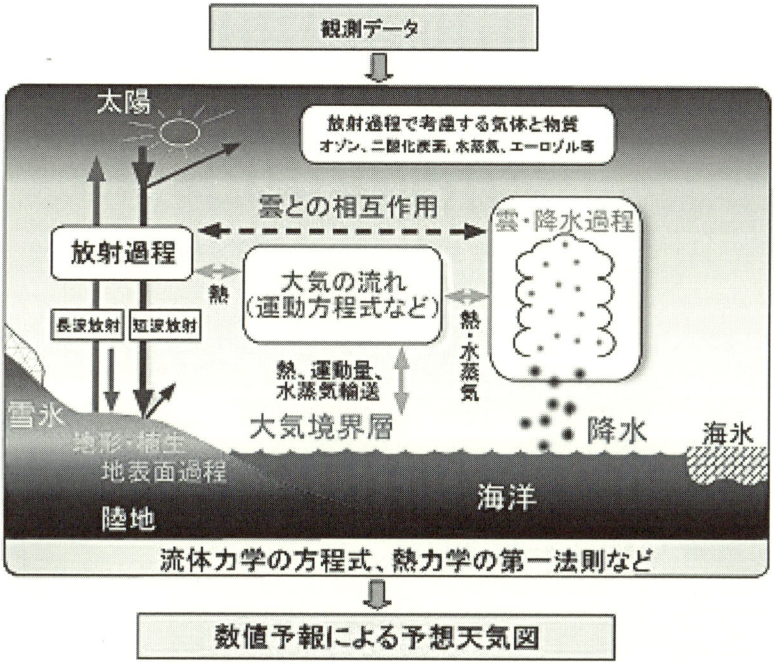

（気象庁提供）

図3　数値予報による予想天気図の例

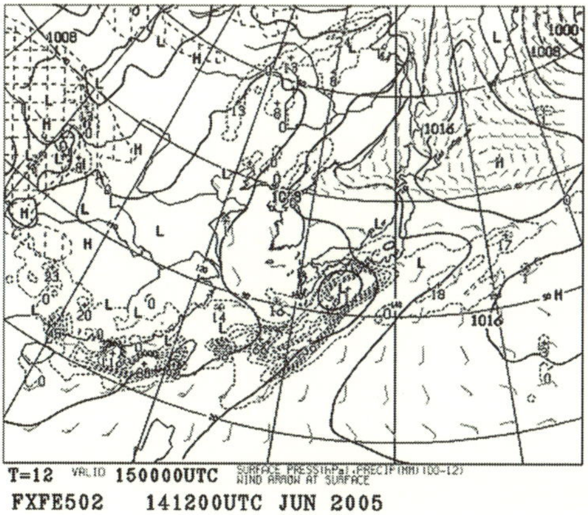

2005年6月15日09時の地上予想（気象庁提供）

ひまわり7号（上）

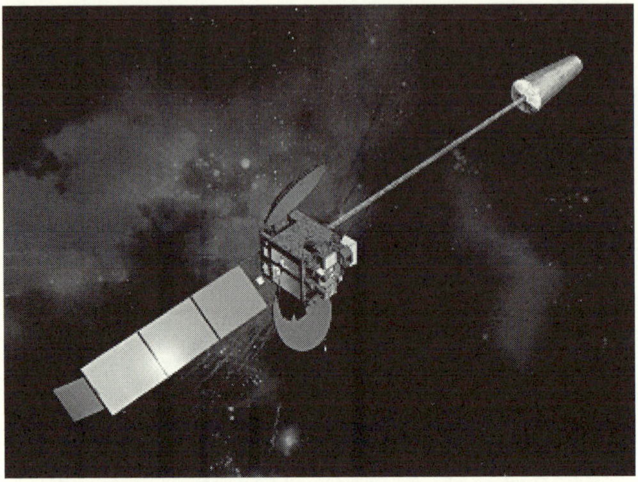

2005年6月15日12時　衛星可視画像（下）

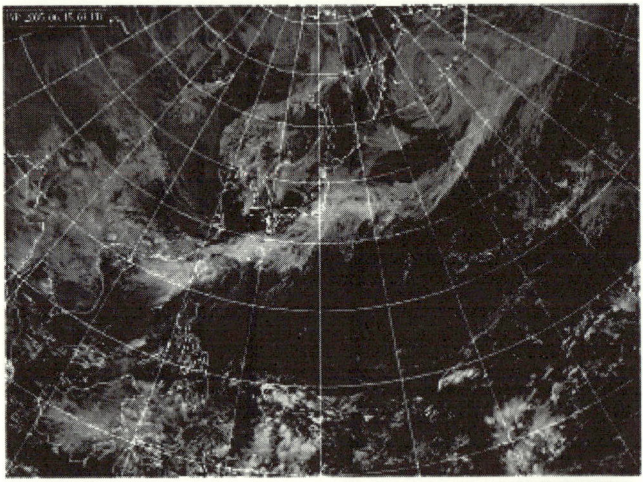

（気象庁提供）

コンピュータが出す数値《すうち》予報《よほう》があれば、予報官《よほうかん》は要らないんじゃないですか？

残念ながら、数値予報の結果が100%あたる時代は、まだかなえられていません。天気予報という言葉には、「予報は当たることばかりではないのであくまで予報なのです。」という裏返しの言葉があるのです。

数値予報の結果を予報文にすることを天気《てんき》翻訳《ほんやく》といいます。

最近では数値予報の結果を用いた客観的統計的翻訳による部分がふえてきています。これは、過去の気象観測データとそのときの数値予報データとの統計的関係をあらかじめ求めておき、予想される天気を確率表示するやり方です。

予測データとして現在、降水の有無とその量、最高気温と最低気温、最大風速と風向などがあり、予報を組み立てるにあたっての「ガイダンス」といいます。

そのなかの降水確率は1980年から発表されるようになりました。

ガイダンスは現在も改善がされており自己学習型の予報データとなっています。

最近のテレビ画面では、地デジのデータ表示があるので、自分の住んでいる場所を特定した気温予想や天気の時間別の予報が見られるようになっていますが、その多くは数値予報のガイダンスがそのまま使われています。

天気予報がはずれてしまえば、ガイダンスのままで出される気温予想は、外れることが多いので使い方にも注意が必要です。

晴れのとくい日って、 言うのを聞きました。こういったデータはどこで調べればわかりますか?

特異日《とくいび》とは、暦の上だけである特定の日に、ある特定の気象状態が現れる割合が、他の日にくらべて非常に高い出現率であるような日のことを言います。天気予報としては使えないものですが、統計上、四季にともなう特定の気象変化が、比較的集中して起こるという気候のかたよりがあり、「天気のくせ」と言えるようなものはあります。

西洋では特異日は聖日(Saint Day)に結びつけ注目されてきましたが、日本では祝日などと結びつけて、10月10日(旧体育の日)、11月3日(文化の日)は移動性高気圧におおわれて晴れの特異日とされていたりしました。

実際には、東京では天気の出現率で最も晴れが多いのは、12月4日(93.3%)で、10月10日(60.0%)、11月3日(80.0%)より晴れの率が多い日は数多くあります。

気象庁のホームページでは、以下の所で北海道、東日本、西日本の天気出現率が見ることができます。

http://www.sapporo-jma.go.jp/observe/observe.html

http://www.tokyo-jma.go.jp/sub_index/kansoku_data/tenki/link.html

http://www.osaka-jma.go.jp/kikou/tenki2/syutugenritu.html

http://www.fukuoka-jma.go.jp/fukuoka/chosa/tenki_syutugenritu.html

気をつけないといけないのは、この数字はあくまでも天気の傾向であって、天気予報として使うことはできません。

熱《ねっ》中《ちゅう》症《しょう》計《けい》というのを見ました！これって何ですか？

熱中症計って言うのはね、

気温と湿度（空気の湿り）を測って、それを独自の計算方法で「熱中症指《し》標《ひょう》値《ち》」＝WBGT（ダブビジーティー）値を算出して「危険」「厳重警戒」「警戒」「注意」「まず安全」など５段階の危険度ランクを知らせてくれる携帯用の計測器具です。

熱中症計はWBGT値が高くなると鳴るんだよ。

LEDランプの光る色で知らせてくれ、警戒以上になるとブザーも鳴ります。

熱中症になるケースは屋内外問わずさまざまで、お年寄りの人が夜寝ている間に死亡する例もあります。

熱中症予防に役立てるには、屋内外の職場やスポーツ、日常生活での熱中症予防にひとりが一つ持っているといいものです。

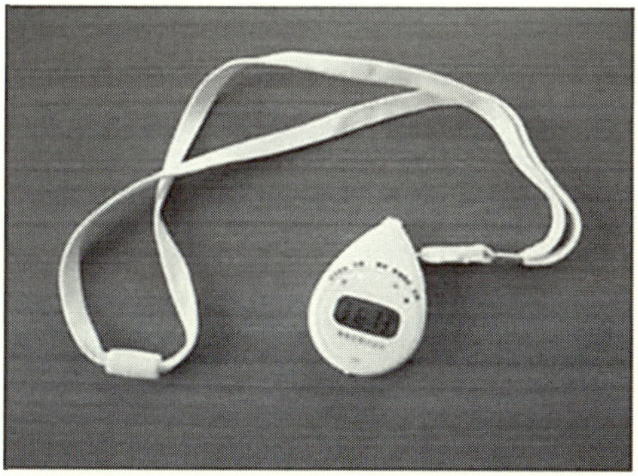

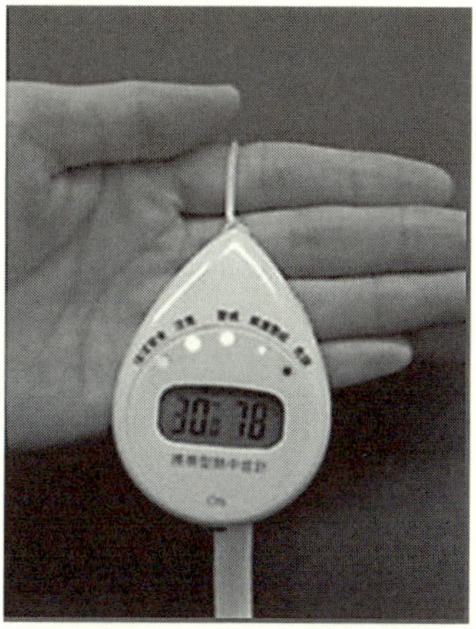

熱中症《ねっちゅうしょう》にならないようにするには どうしたらいいのですか?

熱中症は、例年、梅雨入り前の5月頃から発生し、梅雨明けの蒸し暑い日によく起こり 7月下旬から8月上旬に多発する傾向があります。

梅雨明けのようなとき体はまだ暑さに慣れていないので熱中症が起こりやすいのです。

梅雨明け10日といい晴天が続くころ、高校野球の地方大会真っ盛りで、応援の人が熱中症になり、救急車で運ばれるのを毎年見ています。

人間が上手に発汗できるようになるには暑さへの慣れが必要で、暑い環境での運動や作業を始めてから3〜4日経つと、汗をかくための自律神経の反応が早くなって 、人間は体温上昇を防ぐのが上手になってきます。さらに、3〜4週間経つと、汗に無駄な塩分を出さないようにするホルモンが出て、熱けいれんや塩分欠乏《えんぶんけつぼう》によるその他の症状が生じるのを防ぎます。

この慣れは、発汗量《はっかんりょう》や皮膚《ひふ》血流《けつりゅう》量の増加、汗に含まれる塩分濃度の低下、血液量の増加、心拍数《しんぱくすう》の減少などとして現れますが、こうした暑さに対する体の適応は気候の変化より遅れて起こります。

急に暑くなった日に屋外で過ごした人や、久しぶりに暑い環境で活動した人は、熱中症になりやすいのです。暑さには徐々に慣れるように工夫しましょう。

熱中症は、室内にいる人でもなります。大事なことは、

クーラーの電気を節約しすぎて、命を節約することのないように!

日本一暑い街として有名になった熊谷ですが、なぜそんなに暑くなるのですか?

2007年8月16日、埼玉県熊谷市が日本一の高温40.9℃を岐阜県多治見市とならんで観測しました。

日本付近で太平洋高気圧の勢力が強まる8月は、晴れの日が多く、日照も多くなるため暑い日が多くなります。この日の前日も朝からよく晴れ、南からの湿った暖かい空気が、東京や神奈川方面のヒートアイランド現象の熱とともに運ばれていました。関東地方の北に位置する埼玉や群馬ではこの暖かい空気が溜まる場所となるため熊谷では最低気温が28.8℃で熱帯《ねったい》夜《や》になりました。

熊谷の最高気温は、8月16日の14時42分に40.9℃が観測されましたが、その日の風は、午前中から北〜西北西の風でした。熊谷の北から西北西には関東山地があり、フェーン現象により乾いた空気が入っていたのです。フェーン現象のときには空気は非常に乾いた状態となりますが、この日の最小湿度28%は最高気温の出た2分後の14時44分に記録されています。

それまでの、高温の記録は、山形県山形市の40.8℃で、1933年7月25日に同じくフェーン現象で記録されたものでした。

熊谷地方気象台の観測露場（気象庁提供）
お天気フェアの見学風景、ロープで囲んであるのは気温の感部

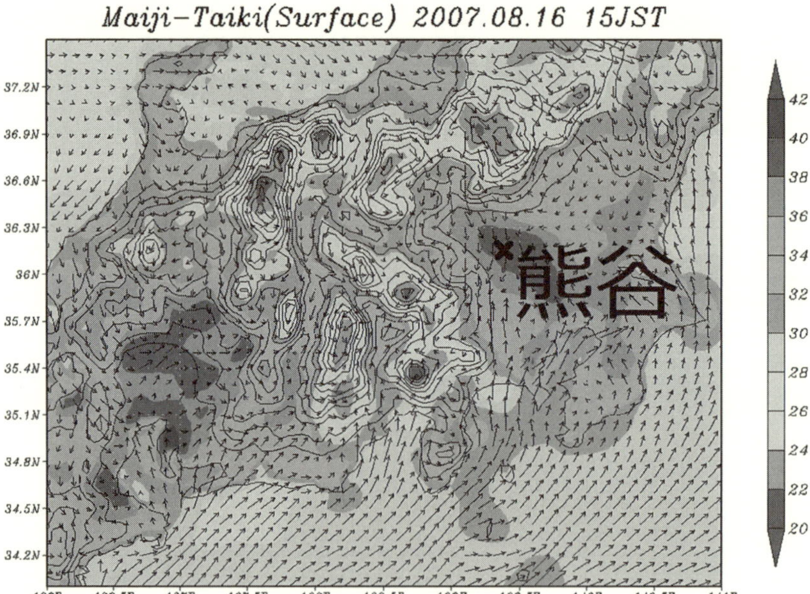

2007年8月16日15時の気温と風の解析図（気象庁提供）

地《ち》球《きゅう》温《おん》暖《だん》化《か》とは、地球がどうなっていくことなのですか?

毎月、世界及び日本の月平均地上気温の平年差、毎年、世界及び日本の年平均地上気温の平年差、年降水量平年比を計算し、気温及び降水量のこれまでの変化を調べる役を気象庁がやっています。

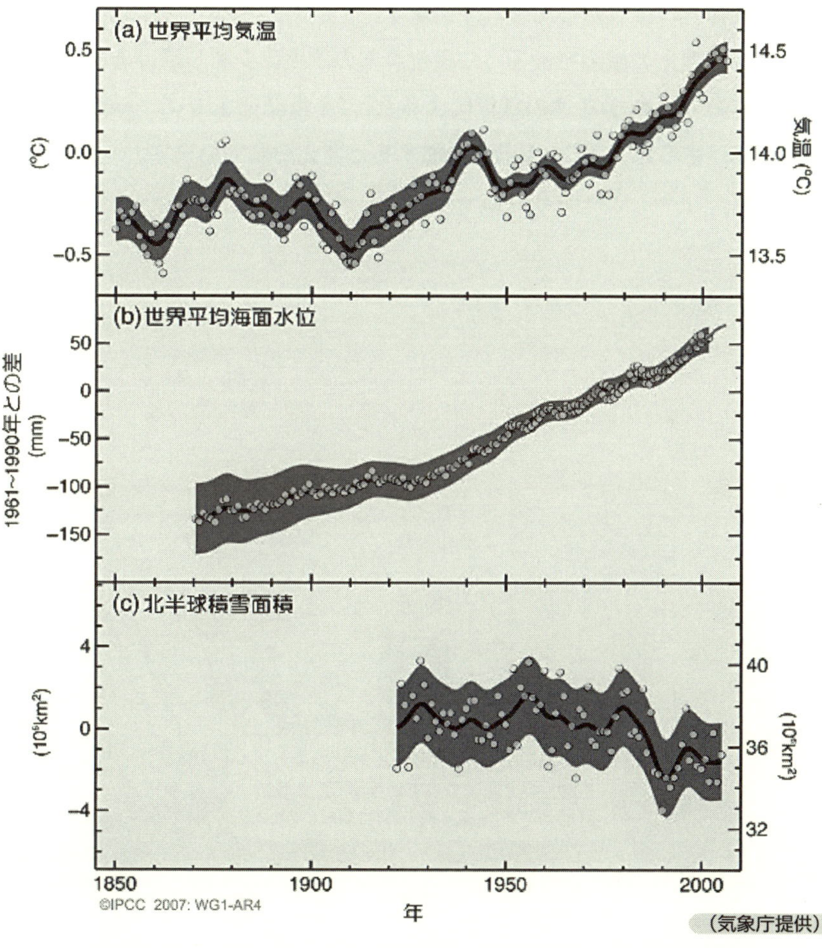

(気象庁提供)

その結果、世界の気温と降水量の長期変化傾向は、1891年の統計開始以降、年々高い値となっており、世界の年平均地上気温は、100年あたり0.67℃の割合で上昇して1980年代以降、高温となる年が多くなっています。

二酸化炭素（CO_2）、メタン（CH_4）等の気体（温室効果《おんしつこうか》ガス）は、地表から熱が宇宙空間に逃げるのをさまたげる働きがあります。温室効果ガスの増加により、地球全体で温度上昇による海面上昇や生態系、農林業等への影響が心配されています。

地球温暖化の原因である、二酸化炭素の濃度は上昇し続ける傾向をみせており、科学者達の試算によると、21世紀末までに、地球の平均気温はさらに1.4℃～5.8℃増加すると考えられています。

温室効果の模式図（気象庁ホームページより）

大気・地表が吸収した太陽エネルギーと同じ量の赤外線エネルギーが宇宙空間に出て行く
温室効果ガス
水蒸気
二酸化炭素
メタン
フロン類…
太陽光の約69%を大気・地表で吸収
地表から出て行く赤外線を温室効果ガスや雲が吸収して下向きに戻す：温室効果
地球の平均気温を約14℃に保ってくれる。
温室効果がないと-19℃

地球《ちきゅう》温暖《おんだん》化《か》対策《たいさく》として、わたしたちにできることは何ですか?

地球温暖化対策の中で一番大きな課題が二酸化炭素の排出量《はいしゅつりょう》の削減です。二酸化炭素の排出量を減らすには、工場や家庭で使うガス、自動車や火力発電所《かりょくはつでんしょ》などで使われるガソリンや天然ガスなどの化石燃料《かせきねんりょう》の消費を減らす必要があります。

日本の二酸化炭素排出量の約2割は、給湯や暖房、調理のためのガス使用、電化製品の使用、それに自家用車の利用などにより、わたしたちの日常生活から排出されています。

二酸化炭素の排出を減らすため、夏は“家の中を涼しくする”節電対策がカギとなります。冷房・暖房の温度を控えめに設定し、クールビズ・ウォームビズによる冷暖房機に頼らないすごし方の工夫。カーテンで太陽からの熱をさえぎる。お風呂の残り湯で朝や夕方に打ち水をして家の周りの温度が下げる。風鈴や水のある風景のポスターを使ったり、夏野菜などの体を冷やす食べ物を積極的にとって体感温度を下げる。ポットやジャーの保温を控える。電化製品の主電源をこまめに切る。長時間使わない時はコンセントを抜く。太陽光発電をとりいれたり、照明をLEDにしたり、電化製品を新しいものにして、省エネ化する。通勤や買い物の際に自家用車の使用を控えて、バスや鉄道、自転車を使用する。自家用車を使用するときもアイドリングストップする。燃えないゴミを分別し、缶やビンなど資源ごみを分別回収することも、燃やすごみが減る分だけエコにつながります。また、家族が同じ部屋で団らんすると、暖房と照明によるエネルギー消費を2割減らすことができます。これらのわたしたちにもできる身近なことから、二酸化炭素の排出を減らしていくことが大事です。

**ある天気予報で「朝の最低気温　6℃
日中の最高気温6℃」と言っていました。
最低気温と最高気温が同じ6℃というのは
おかしくないですか?**

一般的に気温の日変化は、太陽がのぼる1時間くらい前に気温が最も下がり、太陽が南中した時刻の1時間半くらい後に最も高くなります。

晴れていたり曇っていたりのちがいで、多少気温の上がり下がりのカーブが違ってきますが、これが普通の最高気温、最低気温の出る時間に一致します。

ところが、南岸低気圧がやってきて冷たい空気が呼び込まれるときは、低気圧の接近に合わせ地上気温が下がっていくため、気温の勾配が右方下がりに変化する場合があり、こういう日の気温の変化は、未明に最高気温が出て、日中に最低気温が記録されることがあります。

こういった日の予報で、「明日朝の最低気温　6℃」、「明日日中の最高気温6℃」といった場合、6時から9時を朝のうち、9時から18時が日中と決めていることから、未明に最高気温が出た後、どんどん気温が下がって、6時から9時に6℃程度となって、9時から18時にそれより低い気温となるとすると、9時を境に朝の最低気温と日中の最高気温が連続した時間の中で起こるので、ともに6℃ということが発表されることがあります。

テレビ画面を見て、そんなわけないよと言いあい、夫婦げんかにならないように。

気温の30度は暑いのに、30度のお風呂がぬるいのはなぜ？

この違いは、私たちの皮膚がお湯と接しているか、空気と接しているかの違いで起こります。

人間の皮膚が感じる物体の温かさや冷たさは、自分の皮膚とその物体のあいだでおこなわれる熱の移動が速いか遅いかに関係しています。熱の移動が速ければ、温かさや冷たさを強く感じるのです。

熱が移動するスピードは、それぞれの物体がもつ熱の伝導率によって決まります。たとえば寒い日の朝、木製のドアとステンレス製のドアノブにさわったら、どちらが冷たいと感じるでしょうか？　ステンレス製のドアノブのほうです。置かれた状況は同じでも、木よりもステンレスのほうが熱伝導率が高く、ふれた皮膚から体温がすばやくドアノブに移る（＝体温が下がる）ので、皮膚はより「冷たい」と感じるのです。

お湯と空気の場合も同じで、水は空気よりも熱伝導率《ねつでんどうりつ》が高いので、同じ30度でもより速く皮膚から熱が移動して冷たく（ぬるく）感じます。皮膚から空気への熱の移動は遅いので、体温はあまり変化しません。

お風呂の温度は38～40度が適温と言われています。同様に気温18度～20度は人間の感じる快適な温度です。しかし、同じ30度でも、30度のお湯はかなりぬるく感じ、気温だと相当な暑さと感じます。

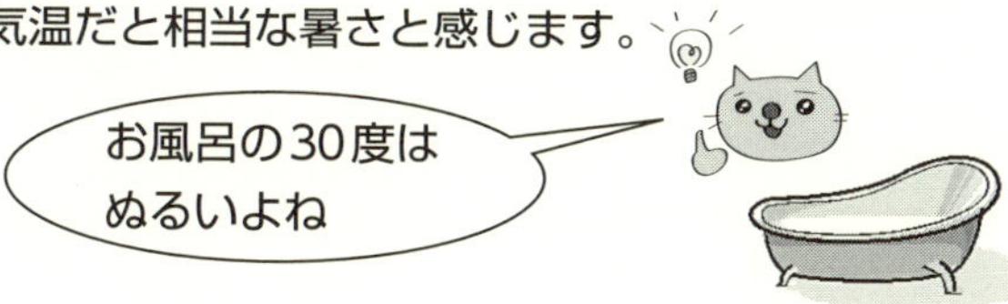

東京や神奈川で4月に雪が降ったことがありました。どうして春になって雪が降るの？

寒さが最も厳しくなるころになると、等圧線が縦に並ぶ西高東低の冬型の気圧配置となって、北西からの季節風が日本海側に雪をもたらし、太平洋側ではカラカラ天気が続きます。そうなんです。寒さが厳しい時期といえども東京には雪は降りません。しかし、冬も終りに近い2月過ぎになると、冬型も弱まり、低気圧は日本南岸を通りやすくなります。

この頃、東シナ海に「東シナ海低気圧」という温帯低気圧が発生し、太平洋岸にそって北東に進み八丈島の近くを通過するとき、低気圧が、関東地方の近くを通るときは、中心付近の湿った暖かい空気のため、雪は降らず雨になりますが、低気圧の北側にあたる関東地方に雪となりそうな冷たい空気が入ると雨が雪になります。このため、東京で雪が見られるのは、春の気配の感じられる2月～3月が最も多く、ときには4月になって桜が咲き誇る時期に雪が降ることもあるのです。

「ラニーニャがやってくる」とTVニュースや新聞の記事に騒ぎ立てられたところ、天気相談所にこわごわとした声で、「何か怖ろしいものがやってくるような話を聞いたんですが…」

ラニーニャというのは、どういうものと想像していますか？

「ゴジラの親戚で口から火を吐く怪獣のようなものかと思いましたよ。いったいラニーニャってどんなものなのか？教えてください。」(中年の女性)

エルニーニョ現象とは、太平洋赤道域《せきどういき》の日付変更線《ひづけへんこうせん》付近から南米のペルー沿岸にかけての広い海域で海面水温が平年に比べて高くなり、その状態が１年程度続く現象です。逆に、同じ海域で海面水温が平年より低い状態が続く現象はラニーニャ現象と呼ばれています。ひとたびエルニーニョ現象やラニーニャ現象が発生すると、日本を含め世界中で異常な天候(大雨《おおあめ》や洪水《こうずい》、干《かん》ばつなど)が起こると考えられています。

次頁上図は典型的なエルニーニョ現象及びラニーニャ現象が発生している時の太平洋における海面水温の平年偏差の分布を示しています。(色が濃いほど平年偏差が大きいことを表します)。左の図は、1997/98エルニーニョ現象(1997年春に発生、1998年春に終息)が最盛期にあった1997年11月における海面水温の平年偏差、右の図は1988/89ラニーニャ現象(1988年春に発生、1989年春に終息)が最盛期であった1988年12月における海面水温の平年偏差です。日付変更線(経度180度)の東から南米沿岸にかけての赤道沿いで、海面水温の平年偏差が大きくなっています。

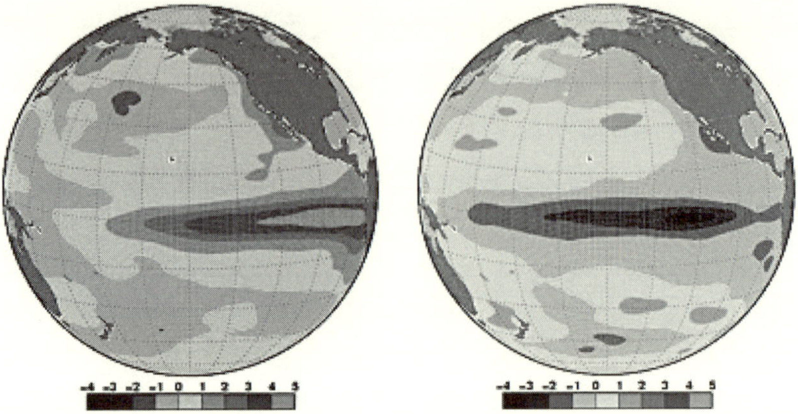

1997年11月の月平均海面水温平年偏差（左）　1988年12月の月平均海面水温平年偏差（右）
（気象庁ホームページより）

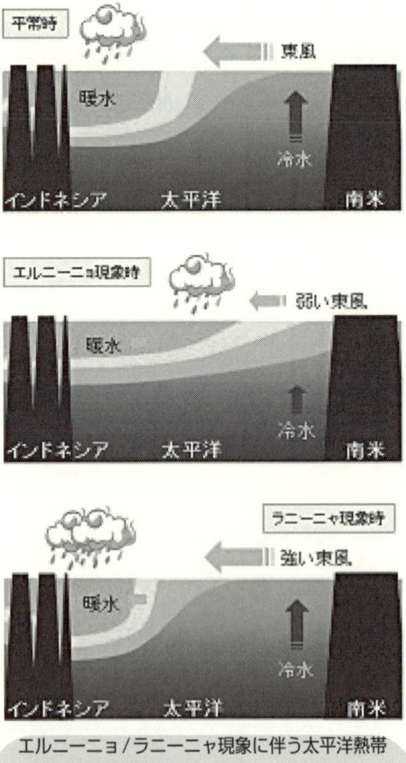

エルニーニョ/ラニーニャ現象に伴う太平洋熱帯域の大気と海洋の変動
（気象庁ホームページより）

平常時の状態

太平洋の熱帯域では、貿易風と呼ばれる東風が常に吹いているため、海面付近の暖かい海水が太平洋の西側に吹き寄せられています(前頁下図上)。西部のインドネシア近海では海面下数百メートルまでの表層に暖かい海水が蓄積し、東部の南米沖では、この東風と地球の自転の効果によって深いところから冷たい海水が海面近くに湧き上っています。このため、海面水温は太平洋赤道域の西部で高く、東部で低くなっています。海面水温の高い太平洋西部では、海面からの蒸発が盛んで、大気中に大量の水蒸気が供給され、上空で積乱雲が盛んに発生します。

エルニーニョ現象時の状態

エルニーニョ現象が発生している時には、東風が平常時よりも弱くなり、西部に溜まっていた暖かい海水が東方へ広がるとともに、東部では冷たい水の湧き上りが弱まっています(前頁下図中)。このため、太平洋赤道域の中部から東部では、海面水温が平常時よりも高くなっています。エルニーニョ現象発生時は、積乱雲が盛んに発生する海域が平常時より東へ移ります。

ラニーニャ現象時の状態

ラニーニャ現象が発生している時には、東風が平常時よりも強くなり、西部に暖かい海水がより厚く蓄積する一方、東部では冷たい水の湧き上がりが平常時より強くなります(前頁下図下)。このため、太平洋赤道域の中部から東部では、海面水温が平常時よりも低くなっています。ラニーニャ現象発生時は、インドネシア近海の海上では積乱雲がいっそう盛んに発生します。(気象庁ホームページより)

ラニーニャのときに起きた世界の異常気象《いじょうきしょう》とは、どんなものがあったのでしょうか?

世界気象機関（WMO）は2011年1月25日、2010年夏以降活発化しているラニーニャ現象が観測史上、最大規模とみられると発表しました。南米ペルー沖で海面水温が下がり異常気象の原因となる「ラニーニャ現象」が2010年から2011年の春以降まで、猛威をふるいました。 オーストラリア東部は2010年末から、洪水を引き起こす豪雨に見舞われました。クイーンズランド州タウンズビルでは2010年12月23～25日の3日間で約180ミリの雨が降り、12月の月間雨量平年値167.9ミリを上回ったのです。オーストラリア気象局によると、2010年の同国の降水量は1900年の統計開始以降3番目の多さで「ラニーニャが原因」としました。そのほかではパキスタンで洪水、ロシアでは干ばつとなりました。

ラニーニャで偏西風《へんせいふう》が蛇行し、モスクワで8月に最高気温37度（平年約22度）を記録するなどロシア西部は異常高温に見舞われ、日本も記録的猛暑《もうしょ》と残暑《ざんしょ》でした。冬は寒気が南下しやすかったため、西日本を中心とした大雪になりました。また、インド西部からパキスタンの低温を引き起こし、インドでは寒波《かんぱ》による死者が路上生活者を中心に約100人に上りました。

2010年4月までは、ペルー沖海面水温が逆に高くなるエルニーニョが観測されており、2011年5月にはラニーニャは終息《しゅうそく》しました。WMOや気象庁では、エルニーニョとラニーニャ現象が頻繁に観測されたり、活性化したりする背景には、地球温暖化が関係しているとみています。

2010年のラニーニャ発生は記録の残る1949年以降14回目。ペルー沖の平均海面水温が平年より1.5度低く、太平洋赤道海域の温水域が変化しました。世界規模で大気の対流活動に影響し、各地での異常気象の原因となったと考えられます。

「寒いほどきれいな冬の自然」

冬の寒さは、厳しさゆえに嫌われがちだが、冬だからこその見事な自然の造形が、私たちを喜ばせてくれることがある。

【波の花】
東北や北陸にかけての日本海側の海岸が泡でうめつくされ、風に乗って沿岸の地域に白い泡が飛ぶ現象。
季節風が強まると、海岸に打ち寄せられる波で海中の藻やプランクトンが海水の塩分ともまれて粘性が強まり、せっけんの泡のようになり、これがたまって海岸を埋め尽くすようになる。波高四メートル以上、風速十三メートル毎秒のときにできやすい。
風で陸地に飛ばされることもあり、沿岸を走る鉄道の線路をさびさせるなど、塩害の原因となる。

能登鴨ヶ浦海岸の波の花

【風花】

晴れているのに雪が舞う現象。群馬や埼玉の秩父地方などでよく見られる。冬型の気圧配置が強く、季節風が強く吹くとき、新潟、長野の県境で雪を降らせている雪雲がちぎれて太平洋側に流れこんだり、山などに積もった雪が飛ばされたりして起こる。

雪の結晶

【霜柱】

土の中の水分が凍って柱のようになる現象。

地表の温度が下がって０度以下になると、地表近くにある地中の水分が凍るが、水には細い管のようなすき間に入りこむ性質があり、地表近くの水分が凍るとそこにあった水分が減り、それをおぎなおうと下の方の水が吸い上げられてまた凍っていく。これをくり返し霜柱が立つようになり、地表の土をもち上げるようになる。

風がなく、よく晴れ、地表の熱がどんどんうばわれた夜の翌朝によくみられ、火山灰でできた赤土（関東ローム層）がおおう関東地方でできやすい。

霜柱

【霜華《しもばな》】

冬の寒い朝、車のフロントガラスなどに、雪の結晶のような霜がつくことがある。窓霜《まどしも》ともいい、最近では、冬の時期に美ヶ原高原の山頂近くのホテルが窓に念入りに水をかけ、翌朝窓ガラスに霜華の美しい模様があらわれるというのが人気となっている。

窓についた霜華

【氷柱《つらら》】

氷柱は、建物の軒下や川辺の岩場などから棒状に伸びた氷。古くは「たるひ（垂氷）」と言った。極寒の地でできる氷柱は長さが数ｍに及び、地面に達するものも見られる。滝が凍り付き、巨大な氷柱群と化すとき氷瀑という。

通常は重力に従い真下へ向かって伸びるが、気温が低く、そこへ屋根の雪に押されたり横風が強かったりなどの条件が伴うと、斜めや横へ向かって伸びる場合もある。

寒さが厳しくなっていくこれから、木曽御嶽山麓の白川氷柱群や奥秩父の冬の名勝「三《み》十《そ》槌《つち》の氷柱《つらら》」は、まさに氷の芸術といわれる姿をライトアップで見られる。

氷柱

【フロストフラワー】

フロストフラワーは、風がなく、－20～－30℃の朝に岸辺の薄氷の中の石粒などの尖った所に、昇華蒸発した水蒸気が凝縮して、1枚1枚の花びらが開いたかのように氷が結晶状に成長して見られる厳冬のみが作り出すことができる芸術作品。屈斜路湖畔では至る所に自然の温泉が湧出していて、降雪がない晴れた夜明け前、屈斜路湖の岸辺の水が凍り薄氷ができたあと、薄氷の表面を温泉の湯気が這うように流れて、砂利の上にフロストフラワーが出来ていく。

フロストフラワー

〔氷柱《ひょうちゅう》〕

これは何？

写真は、氷柱という珍しい現象。

水を張った容器の表面で、無風状態で氷が張るとき容器が冷えて凍るのが周囲の縁の部分からとなるため、緩やかに凍ると中心付近では凍った部分が押し上げられる。このため中心部分の氷は氷柱となって付き出るように見えることがある。

氷柱　福岡県筑紫野市　花田弘毅氏撮影

【霧氷】

霜と同じく、水蒸気や霧が氷点下に冷やされ、樹枝などに凍りついたもの。凍結もしくは昇華することでできる。生成条件によって樹霜《じゅそう》（空気中の水蒸気が昇華して樹枝などの地物に付着した樹枝状ないし針状の結晶）・樹氷・粗氷などがある。

白色や無色透明の着氷現象で、阿蘇山や蔵王では、冬に霧氷が付いた木々が針先のような棘の形の美しい光景を見せることで知られている。

霧氷

【御神渡《おみわた》り】

冬期、もっとも寒さが厳しさを増すころ、諏訪湖の湖面が全面結氷し、寒気が数日続くことで氷の厚さが増してゆく。さらに昼夜の温度差で氷の膨張・収縮がくり返されると、南の岸から北の岸へかけて轟音とともに氷が裂けて、高さ30cmから1m80cmくらいの氷の山脈ができる。これを「御神渡り」と呼び、伝説では諏訪神社上社の男神・建御名方命（タケミナカタノミコト）が下社の女神・八坂刀売命（ヤサカトメノミコト）のもとへ通った道筋といわれている。最初に出現した南北方向に走る御神渡りを「一の御渡り」、その数日後、同方向に出現したものを「二の御渡り」（古くは「重ねての御渡り」とも呼んだ）という。また、東岸からできて一の御渡り、二の御渡りに直交するものを「佐久（佐久新海）の御渡り」と呼んでいる。御渡り拝観の神事ではこの3筋の御神渡りを検分して、その時、湖面の割れ目の状態から、その年の天候や農作物の出来、世の中の吉凶を占っている。（参考文献『諏訪市史　上巻』）

御神渡り

500年以上続く御神渡りの記録

一万数千年前に諏訪湖が誕生して以来、くりかえし目撃されてきたであろう神秘の自然現象「御神渡り」。文字の無いころのことは知るよしもないが、平安時代の和歌には御神渡りのことがうたわれている。御神渡りの最古の公式記録には、約600年前の室町時代の応永4年（1397）に諏訪神社の神官が幕府へ報告した文書の控え（御渡注進状扣）がある。連続した記録は、嘉吉3年（1443）から天和元年（1681）間の『当社神幸記（とうしゃしんこうき）』と天和2年（1682）から明治4年（1871）までの『御渡帳（みわたりちょう）』があり、429年間にわたって残されてきた気象記録は、世界でも珍しい。

実は、この記録には現在に続く秘話があり、諏訪大社から分家した神（みわ）家には、明治時代以降『御渡帳』に続く報告を諏訪測候所に渡していたという古文書があり、諏訪測候所が廃止となった今も気象庁の天気相談所には、御神渡りの報告書が届くことがあるという。

御神渡りは、最近では、温暖化のせいで起きない年が多くなっているが、'91年・'97年・'03年・'04年・'06年'・08年、12年に起きている。

お天気のことがもっと知りたい！

役立つホームページ

気象庁　http://www.jma.go.jp/jma/index.html

レーダー画像　http://www.jma.go.jp/jp/radnowc/

衛星画像　http://www.jma.go.jp/jp/gms/smallc.html

気象庁が天気予報等で用いる予報用語

http://www.jma.go.jp/jma/kishou/know/yougo_hp/mokuji.html

天気図　http://www.jma.go.jp/jp/g3/

伊東譲司のオモシロ天気塾　http://tenkijuku.com/index.html

お天気Q&A　http://tenkijuku.com/qa_kisyounogogen.html

衛星画像知識の部屋　http://tenkijuku.com/photo.html

便利なリンク集　http://tenkijuku.com/link.html

気象予報士を目指す方にお薦めの本

下山紀夫・伊東譲司、2007：最新の観測技術と解析技法による天気予報のつくり方。東京堂出版。

長谷川隆司編集、2010：気象予報士実技試験徹底解説と演習例題。東京堂出版

新田尚監修、2011：新版　最新天気予報の技術。東京堂出版。

新田尚監修、日本気象予報士会編：身近な気象の事典。東京堂出版。

〈著者略歴〉

伊東譲司(いとう・じょうじ)

福島県会津若松市に生まれる。
神奈川県の小田原市で中学、高校時代を過ごし、気象部を創立するなど、気象観測に目覚める。母校の城山中学校は、アメダスの小田原観測所となっていたが、2010年3月に小田原市扇町に移転した。
東京理科大学理学部物理学科卒業。
気象庁予報部通報課　横浜地方気象台、大島測候所に勤務し、大島噴火後の火口を観測。
銚子地方気象台予報官、気象衛星センター解析課　雲解析業務に従事、気象庁予報課予報官。衛星画像を利用した局地解析の技術を気象大学校で講義、熊谷地方気象台　技術課長、舞鶴海洋気象台　観測予報課長、天気相談所予報官を経て2008年3月退官。
JICA研修講師、東京理科大生涯学習センター気象予報士養成講座講師、東京理科大非常勤講師(地学実験)。
一般社団法人　日本気象予報士会　会員・日本気象予報士会気象技能講習会　講師

【著書】
『天気予報のつくり方』(共著：下山紀夫)東京堂出版
『気象予報士実技試験 徹底解説と演習例題』(長谷川隆司：編集)東京堂出版
『雲解析事例集』CD-ROM　(気象衛星センター)
『身近な気象の事典』(新田尚監修・日本気象予報士会編)東京堂出版
『気象予報士学科試験』(長谷川隆司：編集)ナツメ社
『気象予報士実技試験』(長谷川隆司：編集)ナツメ社
『月刊ゴルフマネージメント』にて『伊東ジョージのゴルフ場天気塾』連載中

はい、こちらお天気相談所

2012年2月25日　初版印刷
2012年3月10日　初版発行

著　者　伊東譲司
発行者　松林孝至
発行所　**株式会社　東京堂出版**
〒101-0051　東京都千代田区神田神保町1-17
電話03-3233-3741　振替00130-7-270
http://www.tokyodoshuppan.com

DTP　株式会社明昌堂
印刷所　東京リスマチック株式会社
製本所　東京リスマチック株式会社

ISBN978-4-490-20773-6 C0044

シリーズ

「新しい気象技術と気象学」

全 6 冊

本シリーズは、身近な気象を面白く、楽しく、わかりやすく、解説しています。日常的に体験する気象現象の実態を知り、その正体を明らかにした情報を得ることができます。

天気予報のいま	新田　尚　著 長谷川隆司　著	
日本付近の低気圧のいろいろ	山岸米二郎　著	
新しい長期予報（仮）	酒井　重典　著	2012年 4 月刊行予定
梅雨前線の正体（仮）	茂木　耕作　著	2012年 6 月刊行予定
新しい気象観測（仮）	石原　正仁　著 津田　敏隆　著	2012年 8 月刊行予定
激しい大気現象（仮）	新田　尚　著	2012年10月刊行予定

ずっと受けたかった

お天気の授業

池田洋人 ── 著

A５判　156頁

定価（本体1,500円＋税）

たいよう先生が雲の子供達の疑問に答えるお天気の授業。雨や風など誰でも疑問に思うような気象の話題を簡単にわかりやすく、見開き１テーマの対話と図解で楽しく学ぶ。

身近な気象の事典

新田　尚 ── 監修

日本気象予報士会 ── 編

A５判　284頁

定価（本体3,500円＋税）

一般の人が興味を持つ事項や日常生活の中で知っておきたい事項などを網羅、今日の気象学の最新の情報を盛り込み、わかりやすく解説。

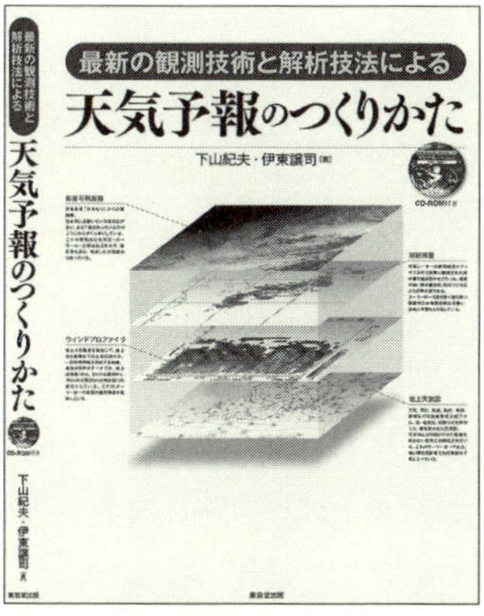

最新の観測技術と解析技法による

天気予報のつくりかた

下山紀夫・伊東譲司 ── 著

四六倍判　288頁

定価（本体5,200円＋税）

新しい観測システムを駆使して高度な天気予報をつくる！

気象衛星画像や解析雨量図などのデータを使った解析方法を詳細に解説！ CD-ROM付（Windows XP/Vista, Mac os X対応）